AF627363

Susanne C. Steiger

ERSTE HILFE AM HUND

Für den Notfall gut gerüstet

Müller Rüschlikon

Einbandgestaltung: R2 I Ravenstein, Verden

Titelfoto: Dora Zett/Shutterstock.com

Bildnachweis: Bilder alle außer gekennzeichnete Lena Schwarz

Lizenzausgabe des bei der Forum Zeitschriften und Spezialmedien GmbH erschienen Online-Seminars der Tier-Akademie.de: Erste Hilfe am Hund, Hrsg. Susanne C. Steiger, Erstveröffentlichung August 2019, Merching

ISBN 978-3-275-02126-0

Postfach 103743, 70032 Stuttgart
Ein Unternehmen der Paul Pietsch Verlage GmbH & Co. KG

2. Auflage 2021

Sie finden uns im Internet unter www.mueller-rueschlikon-verlag.de

Lektorat: Claudia König
Innengestaltung: R2 I Ravenstein, Verden
Druck und Bindung: Graspo CZ, 76302 Zlin
Printed in Czech Republic

Inhalt

1

ZUM BUCH

Erste Hilfe am Hund, wozu brauche ich das?

Es ist ganz selbstverständlich, dass wir vor dem Führerschein einen Erste-Hilfe-Kurs machen. Und vor der Anschaffung eines Hundes? Einen Erste-Hilfe-am-Hund-Kurs. Das Wissen daraus ist im Notfall nicht nur für die eigene vierbeinige Begleitung hilfreich, sondern auch für die schnelle Hilfe, wenn uns andere verunfallte Hunde begegnen sollten.

Dabei ist das vorliegende Buch als praktischer Begleiter gedacht, mit dessen Hilfe Laien Situationen erkennen, einschätzen und – soweit als möglich – die richtigen Sofortmaßnahmen einleiten können.

Darum steht am Anfang ein Register, das typische Situationen beschreibt. Die möglichen Themen und die entsprechenden Lektionen sind direkt als Verweise angegeben, sodass Sie zum jeweiligen Kapitel weiterblättern können. Bei manchen Situationen werden Sie auf verschiedene Kapitel verwiesen, da die Ursachen gelegentlich in mehreren Bereichen zu finden sein können. Aufgrund der genaueren Analyse in den jeweiligen Kapiteln lassen sich die Vorgehensweisen bestimmen, mit denen Sie Erste Hilfe leisten können. Diese basieren auf Handlungsempfehlungen des Verbands der kleintierärztlichen Praxen, Erste-Hilfe-Tipps aus tierärztlicher Hand und der eigenen Ersthelfer-Expertise: In den Jahrzehnten meiner eigenen Hundehaltung habe ich schon die eine oder andere Notsituation erlebt und meistern müssen.

Die Erste-Hilfe-Maßnahmen für Laien sind in Lektionen in Wort und Bild zum Selbstlernen aufbereitet. Neben den Sofortmaßnahmen am Unfallort sind in den 18 Kapiteln Verletzungen an Kopf, Gliedmaßen, Augen oder Ohren sowie Beeinträchtigungen des Kreislaufs,

Foto: Oliver Finker

der Organe oder des Allgemeinzustandes mit Handlungsanweisungen zusammengefasst. Neben der praktischen Soforthilfe finden sich darin auch Verweise, wann lieber auf weitergehende Hilfe von Tierärzten zurückgegriffen werden sollte.

Eine Übersicht der gebräuchlichsten und in einem Erste-Hilfe-Set für Hundeunfälle sinnvollen Hilfsmittel sowie eine Notfallcheckliste ergänzen die Materialien für den Hausgebrauch.

Einige Maßnahmen lassen sich mit einen trainierten Hund im Ernstfall wesentlich einfacher handhaben. Auch für den Routinebesuch in einer tierärztlichen Praxis können diese hilfreich sein. Sie finden daher im Kapitel Trockenübungen: Medical Training eine Übersicht und kurze Anleitungen für solche Trainingseinheiten.

Alles in allem haben Sie mit dem Buch einen praxiserprobten und handlichen, an den Bedürfnissen von Hundehalterinnen orientierten Leitfaden, mit dem Sie sich selbst das notwendige Wissen und die Sicherheit sichern, um im Notfall rasch Erste Hilfe leisten zu können.

Die Kapitel sind auf Grundlage tiermedizinischen Rats zusammengestellt und spiegeln die wesentlichen Situationen und Möglichkeiten der Hilfe durch Laien wider. Die Angaben geben den derzeitigen Wissens- und Erfahrungsstand in Sachen Erste Hilfe am Hund wieder und wurden nach bestem Wissen und mit größtmöglicher medizinischer Abklärung zusammengestellt.

Ich wünsche Ihnen, dass Sie mit den Tipps und Hilfen aus diesem Buch im Notfall schnell und richtig helfen können. Und natürlich auch, dass Sie dieses Wissen so wenig wie möglich anwenden müssen.

Ihre

Susanne C. Steiger

2

VOR ALLEM:

Sofortmaßnahmen bei einem Unfall

Zuallererst, egal ob der Unfall beim Spaziergang, in Wald und Feld, auf der Straße oder gar in einem Fahrzeug passiert ist, heißt es: Ruhe bewahren, Situation erfassen und Handlungen daran orientieren. Denken Sie daran: Überlegt handeln hilft allen (mehr)!

Wie bei jedem unerwarteten Ereignis gibt es eine Routine, die Ihnen Sicherheit verleiht. Darüber hinaus führt sie zu einem beschleunigten Ablauf, der für alle Beteiligten mit weniger Stress verbunden ist. Drei Abschnitte kennzeichnen die Vorgehensweise: Eigenschutz und Unfallstellensicherung, erste Sichtung des verunfallten Tieres und schließlich der A-B-C-Check.

Die Frage, ob weitere Maßnahmen nötig sind und welche Sie selber ergreifen können, schließt daran an.

1. Schützen Sie sich immer zuerst selbst!

Das heißt also:

- Bringen Sie sich selbst aus der Gefahrenzone.
- Sichern Sie die Unfallstelle ab.
- Bitten Sie, wenn möglich, Umstehende oder Passanten mit Hilfe zu leisten und vor Ort zu bleiben.

! 2. Berühren Sie ein am Unfall beteiligtes Tier nicht sofort – Testen Sie vorher, ob es ansprechbar ist. Bringen Sie den Hund/die Hunde aus der Gefahrenzone.

Der Hund ist ansprechbar, wenn er auf Zuruf reagiert.

- Wenn keine direkte Reaktion erfolgt: Prüfen Sie, ob der Hund dann reagiert, wenn Sie ihn **leicht, aber spürbar berühren**. Hebt das Tier den Kopf oder dreht die Schnauze, ist dies der Fall.

- Kommt auch darauf keine Reaktion, können Sie – unter Berücksichtigung des Selbstschutzes – **mit einem Schmerzreiz** versuchen, den Patient „aufzuwecken" und zu einer Reaktion zu bringen. Dazu können Sie beispielsweise den Hund in die Pfote oder den Lauf kneifen.
- Ist der Hund ansprechbar, bringen Sie das Tier möglichst ruhig und ohne zusätzliche Bewegungen zu fordern, aus der Gefahrenzone. Bitten Sie andere Personen um Hilfe, wenn der Hund liegend transportiert werden muss.

Wenn das Tier nicht ansprechbar ist:

- Bringen Sie den Hund möglichst schnell aus der Gefahrenzone und achten Sie darauf, ihn **gestreckt und liegend – ohne den Körper groß zu bewegen –** zu transportieren. Holen Sie sich dazu gegebenenfalls Hilfe und nutzen Sie, wenn machbar, eine Decke.

3. A-B-C-Check

Gehen Sie dann nach dem A-B-C-Schema vor, um Sofortmaßnahmen bei Atemstillstand durch Beatmung vornehmen zu können und den Kreislauf zu prüfen:
A = Atmung
B = Beatmung
C = Circulation (Kreislauf)

A: Um die Atmung zu kontrollieren, können Sie:

- Atembewegungen durch Beobachten des **Hebens und Senkens des Brustkorbs** erkennen.
- Mit der befeuchteten **Hand vor der Nase** die Atemzüge spüren.
- Röchelnde, auffällige Atemgeräusche zeigen, dass die Atmung behindert sein kann.
  > Erste Maßnahme: Versuchen Sie, vorsichtig **die Zunge des Hundes aus dem Maul** zu holen, um die Atemwege frei zu machen und zu kontrollieren. (**Achtung:** Reflexartig kann der Hund – auch ein bewusstloses Tier – dabei beißen!)
  > Kontrollieren Sie, ob Fremdkörper, Blut oder Schleim den Kehlkopfeingang blockieren und beseitigen Sie diese störenden Elemente.

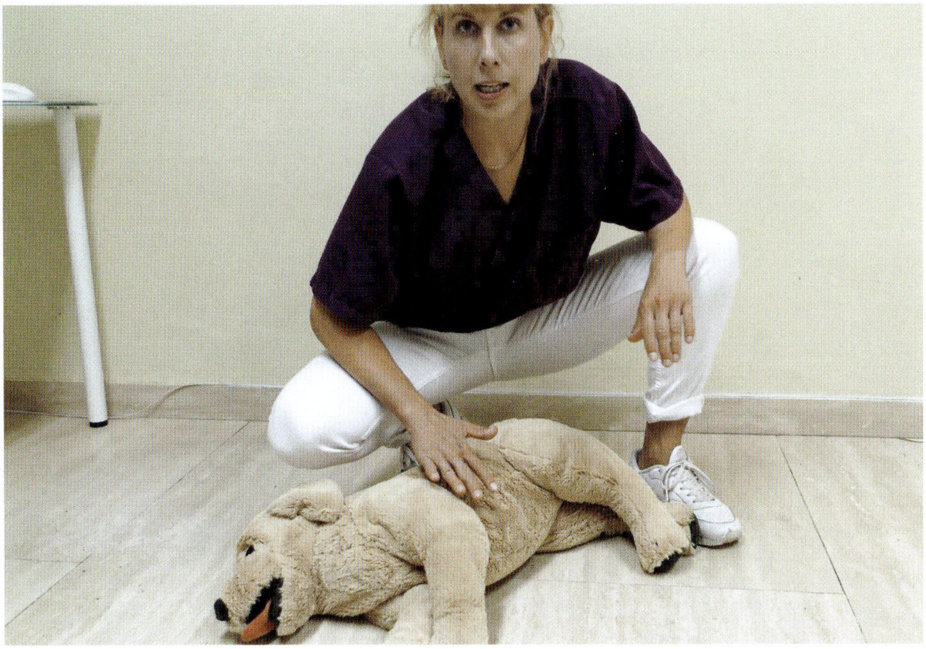

Ist der Hund nur bewusstlos, können Sie entweder die Atmung am Heben und Senken des Brustkorbs erkennen …

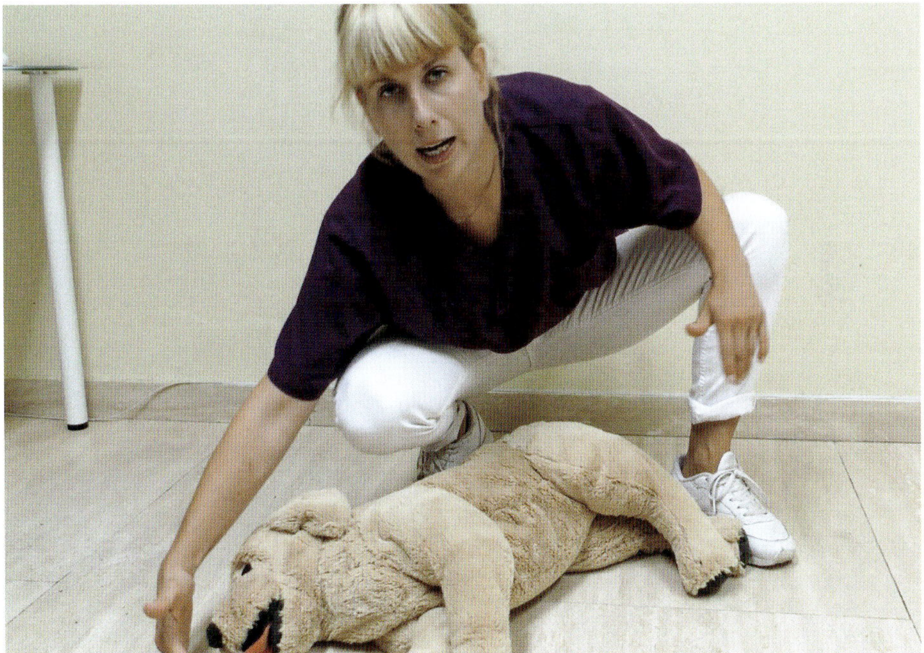

… oder den Atem an der vor das Maul gehaltenen Hand spüren.

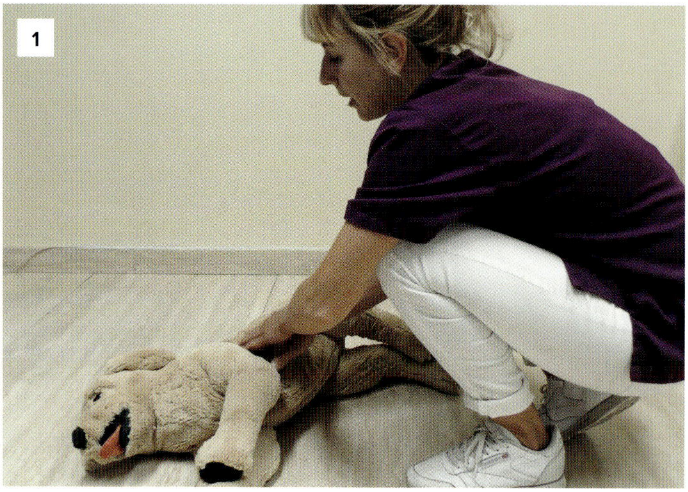

Für eine Herzmassage zur Wiederbelebung setzen Sie mit der flachen Hand (bei kleinen Hunden ggf. auch nur mit dem Daumen) hinter der Schulter auf dem Brustkorb an.

Der Hund liegt dabei auf der rechten Seite, drücken Sie nun dreimal hintereinander auf die Brust.

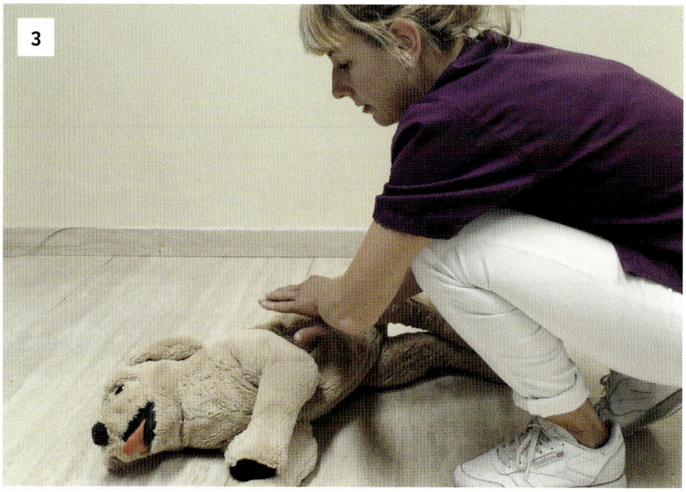

Achten Sie darauf, die Herzmassage immer wieder durch Kontrolle der Atmung zu unterbrechen und ggf. zwischen den Massageeinheiten erneut zu beatmen.

B: Beatmung bei nicht feststellbarem Atem:

Die Beatmung kann auf zwei Wegen erfolgen:

- **Durch manuelle Kompression** – das heißt: durch das Zusammendrücken des Brustkorbes mit der flachen Hand und nicht zu kräftigem, aber dennoch deutlichem Druck. Dabei sollte der Hund auf der rechten Seite liegen. Für die Kompression legen Sie Ihre Hände hinter der Schulter auf die Mitte des seitlichen Brustkorbs. Nutzen Sie beide Hände und drücken Sie zweimal, gleichmäßig und nicht zu schnell. Achten Sie darauf, nicht zu fest zu drücken.

! **Achtung:** Bei Verdacht auf eine Brustkorbverletzung darf diese Methode nicht angewandt werden!

- **Durch Mund-zu-Nase-Beatmung** – dabei müssen folgende Schritte beachtet werden:
  - > Legen Sie den Hund auf dessen rechte Seite.
  - > Knien oder stellen Sie sich so hin, dass Sie mit Ihrem Mund die Nase umschließen können.
  - > Behalten Sie dabei den Brustkorb des Hundes im Blick – Sie sollten beim Luft-in-die-Lunge-Einblasen sehen können, dass sich der Brustkorb anhebt.
  - > Ziehen Sie die Zunge des Hundes ganz nach vorne und halten Sie die Schnauze gut und sicher zu.

Sorgen Sie dafür, dass die Zunge aus dem Maul hängt, wenn der Hund bewusstlos ist.

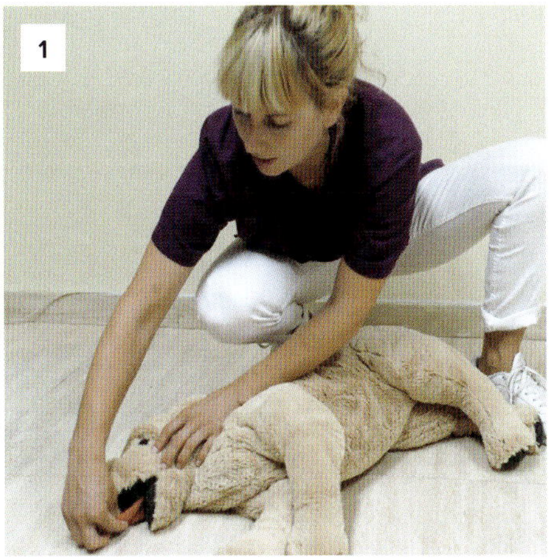

Umschließen Sie das Maul so, dass die Zunge gehalten wird, aber der Hund sich nicht darauf beißt.

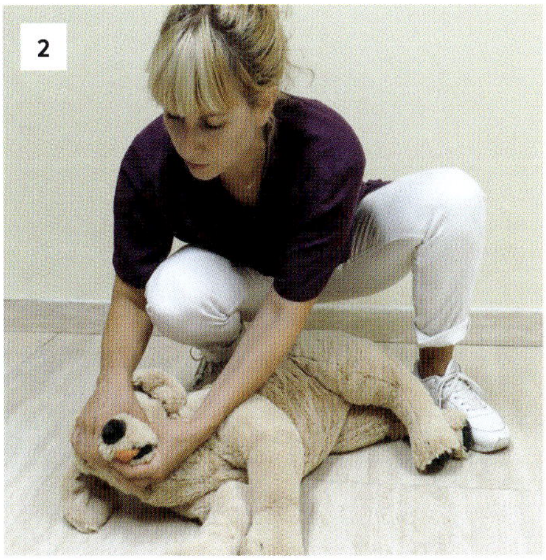

Sofortmaßnahmen

2

- **So beatmen Sie richtig:**
  > Umschließen Sie bei kleineren Hunden mit Ihrem Mund die komplette Nase und das Maul, bei größeren Hunden nur die Nase. Blasen Sie bei jeder Beatmung etwas Luft ein.

! **Achtung:** Die Lunge des Hundes ist kleiner als die eines Menschen und darf nicht zu viel Luft eingeblasen bekommen!

  > Bei kleinen Hunden machen Sie 4 bis 6 Sekunden Pause zwischen dem Beatmen.
  > Bei großen Hunden sollte der Abstand 6 bis 8 Sekunden betragen.

Die Beatmung sollte zunächst rund eine Minute lang erfolgen. Dann beobachten Sie, ob eine spontane Atmung des Hundes einsetzt. Wenn nicht, wiederholen Sie die Beatmung, nötigenfalls bis der Tierarzt eintrifft.

Prüfen Sie während der Beatmungspausen den Herzschlag (siehe C).

C: Circulation = Kreislauf überprüfen

Schlägt das Herz? Schlägt es gleichmäßig? So überprüfen Sie den Kreislauf:

- Legen Sie die Hand bzw. die Finger unter der Schulter auf die linke Brustwand, um den Herzspitzenstoß zu fühlen. Achtung: Bei dickeren Hunden ist das nicht immer spürbar!
- Alternativ fühlen Sie den Puls auf der Schenkelinnenseite. Heben Sie dazu das Hinterbein leicht an und legen zwei Finger in die Furche. Sie sollten den Puls dort fühlen können.

Ist kein Herzspitzenstoß oder Puls zu fühlen und der Hund nicht erkenntlich im Brustbereich verletzt, kann eine Wiederbelebung durch Herzdruckmassage versucht werden.

- Begeben Sie sich vor den Hund.
- Nehmen Sie beide Hände und drücken Sie dreimal kräftig bis nicht so kräftig (je nach Hundegröße) mit den flachen Handballen seitlich den Brustkorb zwischen Schultern und Lende.
- Beatmen Sie den Hund.
- Wiederholen Sie die beiden Schritte mehrmals.

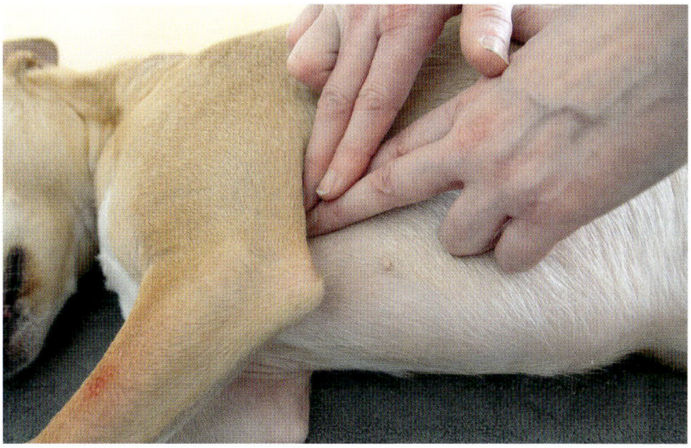

Den Puls können Sie direkt unter der Schulter am Ansatz des Vorderbeins ertasten …

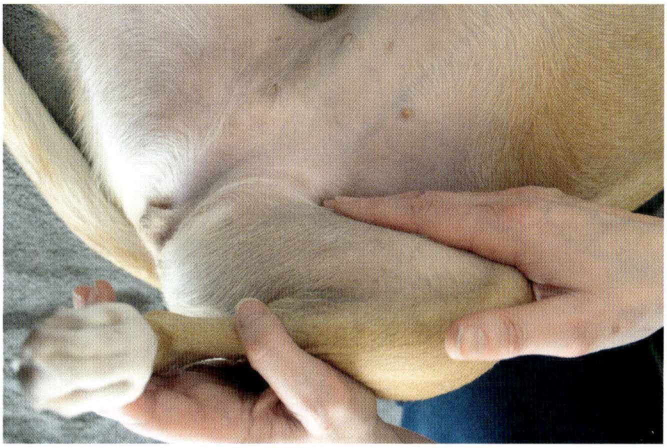

… oder auf der Schenkelinnenseite direkt am Ansatz des Hinterlaufs.

- Prüfen Sie nach etwa einer Minute, ob die Atmung und der Herzspitzenstoß bzw. der Puls wieder vorhanden sind.

▶ **TIPP:** Bei der Beatmung und Wiederbelebung ist eine zweite Person sehr hilfreich – sowohl als Unterstützung bei der Atemkontrolle als auch zur Alarmierung von Tierarzt oder Tierrettung.

Haben Sie die für die Situation nötigen Schritte getan, kommen zwei Wege infrage, fortzufahren: Entweder nehmen Sie selbst weitere Erste-Hilfe-Maßnahmen vor oder Sie alarmieren die Tierärzte & Co. und bringen das verletzte Tier direkt zur Tierklinik oder sichern es soweit, dass eine Rettung bzw. Behandlung vor Ort durch ein mobiles Team möglich ist.

3

GUT AUSGESTATTET: Notfallutensilien

Handelsübliche Erste-Hilfe-Sets lassen sich durch eigene Materialien leicht ergänzen zu einem gut ausgestatteten Tier-Rettungs-Koffer.

Erste-Hilfe-Sets für Tiere gibt es natürlich bereits fertig gepackt zu kaufen. Die Qualität und Quantität des Inhalts unterscheiden sich jedoch von Set zu Set deutlich. Als Basis eignen sie sich in jedem Fall – und lassen sich zumeist auch einfach aufstocken.

In der Regel werden Sie gerade bei größeren Hunden mit einigen Materialien und Mengen in den fertigen Sets nicht glücklich. Hier sollte jeder Hundefreund nach Durchsicht ergänzen. Was Sie unbedingt in eine Erste-Hilfe-Tasche packen sollten, finden Sie in der nachfolgenden Übersicht. Dabei sind sowohl Art und Umfang als auch Nutzung beschrieben. Informationen, worauf Sie achten sollten, ergänzen die Auflistung.

▶ **TIPP:** Eine selbst gepackte Tasche kann auf die spezifischen Anforderungen eines Ausfluges, einer Reise oder sonstiger Unternehmung mit Hund ausgerichtet werden. Hier individuell ergänzt um die alltäglichen Medikamente, die Sie für Ihren Hund brauchen.

Inhalt	Umfang	Nutzung
Mullbinden	mindestens 4, verschiedene Größen sinnvoll	Einsatz als Verbandmaterial, auch ggf. zum Anlegen einer Maulschlaufe sowie in verpacktem, sterilem Zustand als Druckverbandsauflage nutzbar
Wattebinden	2	Spezielle Watteverbände, die zum Polstern bei Pfotenverbänden sehr hilfreich sind
Kompressen (sterile Wundauflagen)	> 4	Erstes Säubern von Wunden, auch als Wundauflagen oder (angefeuchtet) als Tupfer für Reinigung von Augen/Ohren-Verletzungen
Tape/Heftpflaster	1–2 Rollen	Fixieren von Verbänden, ggf. Abkleben von (Wolfs-)Krallen zum Eigenschutz
Verbandsbinden ggf. selbstklebende/ haftende Binden	mindestens 2	Schutz- und Stützverband bei oberflächlichen Wunden bzw. bei Schienen oder Druckverband
Verbandsbinde (nicht elastisch) oder Ähnliches	1	Als Maulschlaufe nutzbar oder bei kleineren Hunden als Trage/Gehhilfe (unter der Brust durchgeführt) einsetzbar. Achten Sie auf ausreichende Länge
Klebeverband/ Gaffa-Tape	1 Rolle	Für die Erstversorgung und Fixierung von Verbänden/Ohrlappen etc., als Schmutzschutz bei Pfotenverbänden
(Verband) **Schere**	1	Abschneiden von Verbandmaterial, Kürzen von Zwischenzehenfell o.ä. Achten Sie auf abgerundete Spitzen – und ausreichend scharfe Scherblätter

Inhalt	Umfang	Nutzung
(Verband) **Watte**	1	Polstern von Pfotenzwischenräumen bei Pfoten-/Beinverbänden, sowie bei provisorischen Schienen. Nie direkt mit offenen Wunden in Kontakt bringen!
Einmalhandschuhe	mindestens 3 Paar	Eigenschutz und bei Bedarf als provisorische Pfotenschuhe einsetzbar. Auch für Helfende mitdenken!
Desinfektionstuch -pads/-handgel (Mensch)	mindestens 1	Zur Säuberung und Desinfektion, wenn Sie doch einmal direkt in Berührung mit verletzen Stellen kommen. Achtung: nicht an Hundeschleimhäute bringen!
Desinfektionsspray steril verp. Wasser (Tier) (+ künstliche Tränenflüssigkeit/ Kochsalzlösung)	1	Zur Wunddesinfektion bei Schürfwunden, Befeuchtung von Reinigungskompressen. Steril abgefülltes Wasser (nicht destilliert!) kann zur größten Not auch einmal zum Augenspülen genutzt werden, besser ist jedoch eine auf die Hundeaugen abgestimmte Kochsalzlösung/künstliche Tränenflüssigkeit
Desinfizierende Wundsalbe (ggf.)	1	Kann zur Erstversorgung bei Wunden als dünne Schicht aufgebracht werden, wenn nötig (um ein Verkleben mit Wundkompressen zu verringern)
Thermo-Rettungsdecke	1	Wenn der Transport sich verzögert oder die Temperaturen entsprechend niedrig sind

Inhalt	Umfang	Nutzung
Rettungsdecke (speziell zum Tragen gibt es kompakte Decken)	1	Spezielles Tragetuch, auf dem Sie das Tier ggf. mit Helfenden tragen können. Ausreichende Größe beachten!
(Instant) **Kühlkompresse**	1	Kann alternativ zu Wassergüssen genutzt werden, wenn eine Überhitzung/Hitzschlag das erfordert, evtl. in Stoff einwickeln, direkten Haut-/Fellkontakt vermeiden
Pinzette	1	Fremdkörper aus den Fußballen entfernen
Holzspatel/ -stäbchen (steril)	1	Salbe auftragen oder evtl. Fremdkörper aus dem Mundraum (z.B. ein Insekt oder Erbrochenes) entfernen
Kohletabletten (Aktivkohle) (ggf.)	1 P.	Bei Vergiftungen (auf tierärztlichen Rat!) oder starkem Durchfall
Plastikbeutel wiederverschließbar	mindestens 1	Giftprobe, Kot, Erbrochenes oder Insekten etc. aufnehmen und transportieren, Verbandsmüll einsammeln und mitnehmen oder auch als provisorischer Hundeschuh über einem Pfotenverband (bei Nässe nutzbar)
Einwegspritze (ggf.)	1	Ausspülen von Wunden oder Augendusche, wenn unbedingt nötig. Achtung, dies reizt das Auge zusätzlich!

Inhalt	Umfang	Nutzung
Arbeits-handschuhe (ggf.)	1 Paar	Eigenschutz beim Transport oder Helfertätigkeiten, wenn keine Maulschlinge nutzbar ist
Taschenlampe (evtl.)	1	Nur, falls keine andere Lichtquelle mitgeführt wird
Einwegrasierer (ggf.)	1	Falls bei Hautverletzungen das Fell eine Behandlung akut verhindert oder die Stelle nicht leicht zu finden ist oder ein Schlangenbiss vermutet wird.
(ggf.) **Holzstab** (ausreichende Länge!)	1	Wenn eine Schienung (nur Geübte!) notwendig wird. Schiene muss ausreichend lang sein, um Fußgelenke und Ellenbogen gemeinsam zu fixieren!
Fieber-thermometer	1	Der Klassiker ist ausreichend für eine Vor-Ort-Kontrolle, es muss kein batteriebetriebenes sein. Denken Sie an Reinigungstücher.

4

TROCKENÜBUNGEN: Medical Training

Natürlich ist das keine typische Übungssituation, zeigt aber, dass „Verarzten" für den Hund geübt werden kann.

Um mit dem eigenen Hund entspannter zum Tierarzt zu gehen und auch im Notfall weniger Stress zu haben, ist ein Medical Training von klein an eine gute Sache.

Dahinter verbirgt sich die frühe Gewöhnung an Untersuchungen und Situationen, wie wir sie häufig auch beim Besuch einer Tierarztpraxis mit unseren Vierbeinern erleben werden. Besonders wesentlich ist dabei, dass die Übungen für den Hund mit einer entspannten, positiven Grundhaltung verbunden werden. Das heißt: Ist der Hund gestresst, weil er gerade sehr viel Aufregendes erlebt hat, sollten wir kein Medical Training anschließen. Er wird dies als zusätzliche Belastung erleben – und in seinem Gedächtnis verankern.

! Das bedeutet: **Medical Training ist immer dann möglich, wenn die Rahmenbedingungen für den Hund stimmen.**

Er fühlt sich wohl, ist im Idealfall sowieso entspannt, satt und zufrieden, weil er den Tag über ausgelastet war. Die Umgebung ist ebenso wichtig: Je reizärmer und normaler es ist, umso mehr wird der Hund sich auf Sie konzentrieren und – die meisten wollen das – mit Ihnen zusammenarbeiten und Ihnen einen Gefallen tun. Es ist also letztlich eine Kooperationsübung, die wir zielgerichtet mit unseren Hunden machen – wir wollen, dass sie **freiwillig und möglichst entspannt mit uns kooperieren** und wir keinen Zwang ausüben müssen.

Was Sie mit dem Medical Training erreichen wollen, ist, dass der Hund sich überall abtasten, sich die Zähen kontrollieren, den Puls und die Atmung messen, die Beweglichkeit der Gelenke und Pfoten testen oder auch in die Ohren und Augen schauen lässt.

Das sollte er alles relativ entspannt und unaufgeregt durchstehen – egal, wer ihn ansieht oder anpackt idealerweise. Denn dann ist auch ein Routinebesuch beim Tierarzt kein Stress für das Tier. Auch das Aufbringen von Medikamenten auf die Haut, das Entfernen von Zecken und die Versorgung kleinerer Wunden oder das Kürzen der Krallen werden durch diese Übungen leichter und entspannter möglich.

Natürlich können und sollten Sie so etwas wie eine Pfotenkontrolle auch draußen unterwegs machen können – aber die Grundlagen dafür, dass der Hund sich untersuchen lässt, legen Sie zuhause. Achten Sie darauf, das Medical Training nicht mit einem Ruheplatz oder Rückzugsort Ihres Hundes zu verbinden – denn das kann kontraproduktiv sein.

Schritt für Schritt können beim Medical Training, wie bei anderen Trainings für Signale auch, Übungen aufgebaut und erweitert werden. Doch fangen wir von vorne an. Das wichtigste sind Berührungen – denn wenn der Hund untersucht werden soll, geht das nicht, ohne ihn anzufassen.

1. Berührungen akzeptieren und zulassen

Übung 1

Wir fangen mit den einfachen Stellen an, an denen wir den Hund berühren wollen, wo es nicht so üblich ist. Die **Ohren** bieten sich da an. Hier ist sowieso eine regelmäßige **Ohrenkontrolle** durch uns Tierhalter sinnvoll, um **Entzündungen** oder **Verletzungen** frühzeitig zu erkennen und behandeln zu können.

Egal ob Stehohren oder hängende – der Blick auf die Innenseite und das Auswischen sind etwas, das die Hunde erst kennenlernen müssen. Die Ohren in die Hand nehmen geht meist unkompliziert. Kurz festhalten, hineinsehen folgt dann als Schritt zwei. Dabei abzutasten, ob die Ohren durchblutet sind oder überhaupt wie es sich im Normalzustand anfühlt, ist der nächste Schritt.

▶ **TIPP:** Bieten Sie dem Hund immer, wenn Sie eine Übung mit ihm gemeistert haben, eine Möglichkeit, das Ganze zu beenden – oder eine Belohnung dafür an. Das muss kein Leckerli oder Futter sein, Clicker eigenen sich sehr gut dafür, aber auch die Übung mit einem Spiel aufzulösen, ist in Ordnung.

Der nächste Schritt, das Auswischen, ist dann sicher kein Problem mehr. Allerdings sollten Sie das Tuch zum Auswischen dem Hund erst ein-, zweimal zeigen, bevor Sie es beim dritten Mal dann tatsächlich benutzen.

Ob der Hund dabei steht oder sitzt oder liegt ist erst einmal gleichgültig. Die meisten Tierärzte sind hier auch flexibel und bestehen nicht darauf, dass der Hund auf den Tisch muss. Dennoch sollten Sie den Hund daran gewöhnen, in verschiedenen Positionen einen Blick ins Ohr zuzulassen.

Übung 2

Von den Ohren zu den **Augen** ist es nicht weit – und auch diese Übung bereitet unseren Vierbeiner für den Besuch beim Tierarzt vor. Wie in der Lektion Augenkontrolle schon erwähnt, ist die Augenuntersuchung testweise eine gute Übung für den Notfall. Denn wenn der Hund erfährt, dass Sie seinen Kopf umfassen und den Augen nahekommen können, ohne dass eine sonstige Bedrohung davon ausgeht, wird er dies auch für eine Behandlung akzeptieren.

Nicht immer sind es nur **Fremdkörper im Auge**, die ein Ansehen und Entfernen erfordern. Auch eine **Bindehautentzündung** ist etwas, bei der wir den Hund im Augenbereich behandeln müssen. Das Einbringen von Tropfen oder einer Augencreme wird leichter, wenn Sie dem Hund vorher schon öfter, ohne sonst etwas damit zu tun, die Lider gehalten und in die Lidsäcke geschaut haben.

Gehen Sie dabei auch wieder in kleineren Etappen vor – beginnend mit dem ersten Anfassen und vorsichtigen Offen-Halten des Auges. Klappt es mit einem, gehen sie zum zweiten. Bei der nächsten Übungseinheit schieben Sie die Lider nach oben oder zur Seite und können auch schon versuchen, den Lidsack etwas zu öffnen. Klappt das, ist die routinemäßige **Augenkontrolle** in der Tierarztpraxis schon einmal gesichert.

! Das Behandeln von Entzündungen etc. – also das **Einträufeln von Flüssigkeiten** – sollten Sie hingegen **lieber nicht vorab üben**, das könnte mehr Schaden anrichten als nutzen.

Es bleibt der tatsächlich notwendigen Behandlung vorbehalten. Lässt Ihr Vierbeiner das dann entspannt und unaufgeregt über sich ergehen, hat er im Ernstfall viel Lob und Belohnung verdient.

Übung 3

Zahnprobleme zeigen unsere Hunde uns leider viel zu selten direkt an – denn wenn ein Zahn schmerzt, haben sie nicht die Möglichkeit, es uns einfach zu sagen. Wir kommen manchmal erst viel zu spät auf eine mögliche Zahnerkrankung, wenn der Hund nicht mehr Kaustangen oder Ähnliches knabbern mag. Darum ist nicht nur das Zähneputzen wichtig, sondern auch die regelmäßige **Zahnkontrolle**.

Beim Medical Training konzentrieren wir uns zunächst auf die Tatsache, den **Zahnfleischtest**, den wir für die Kontrolle aufausreichende Durchblutung (Verdacht auf **Kreislaufprobleme**) brauchen, hinzubekommen. Wieder heißt es: entspannte Situation schaffen, den Hund ausgelastet haben und wenig Ablenkung bieten (und vor allem nicht unbedingt das Leckerli zur Belohnung schon ausgepackt zu haben). Setzen Sie sich neben den Hund, schieben Sie ihm die Lefzen nach oben auf Höhe der Eckzähne, sodass Sie den Kiefer und das Zahnfleisch sehen. Halten Sie dies eine kurze Zeit so.

Funktioniert das, können Sie im nächsten Schritt auch gleich den Drucktest machen – kurz mit dem Zeigefinger der anderen Hand das Zahnfleisch oberhalb des Eckzahns fester drücken und loslassen. Das hellrosa bis gelblichweiße Gewebe müsste sich dann in Windeseile wieder rosarot färben – dann ist der Flüssigkeitshaushalt in Ordnung.

Übung 4

Die zweite Stufe ist die, die wir auch fürs Zähneputzen brauchen können – nämlich das **Maul öffnen** und offenhalten. Die Handgriffe dafür unterscheiden sich nicht wirklich von denen der Lektion, in der wir Ihnen erklären, wie Sie **Fremdkörper im Maul** sehen und eventuell entfernen können. Allerdings sollten wir fürs Zähneputzen die Lefzen nicht auf den Backenzähnen festdrücken. Wie gehabt, der Hund sollte eine entspannte Position einnehmen können (wie wir Menschen auch) und dann umgreifen Sie den Unterkiefer auf Höhe der Backenzähne von unten mit einer Hand. Legen Sie die Finger etwas in den Spalt, den Sie dadurch aufdrücken.

Lassen Sie es mit ein paar Sekunden genug sein und legen eine Pause ein. Beim nächsten Versuch darf es etwas intensiver sein und das Maul deutlicher geöffnet werden. Auch hier sollten Sie die Zeitspanne erst nach und nach steigern, in der Sie die Position so halten. Bevor es dem Hund zu unangenehm wird, lösen Sie das Ganze bitte wieder auf – und loben und belohnen. Wenn der Hund im Ernstfall etwas länger das Maul aufgehalten bekommen muss, schaffen Sie das dann sicher – im Medical Training geht es letztlich darum, ihm solche Situationen vertraut zu machen, nicht, sie bis ins letzte Detail exakt so zu trainieren, wie es sein könnte.

Übung 5

Bevor wir uns ans Abtasten und seitlich Hinlegen auf Aufforderung heranwagen, sollten wir die **generelle Berührbarkeit sensibler Körperstellen** beim Hund trainieren. Wenn Sie jetzt sagen: „Mein Hund lässt sich doch von fast jedem streicheln!", ist zwar schon viel gewonnen – aber längst nicht sicher, dass jeder dem Hund den **Puls fühlen** darf. Denn schließlich sind die beiden Stellen, an denen wir den Puls am besten spüren, jeweils in geschützten Bereichen gelegen – da, wo man in der Regel nicht einfach streichelt, wenn der Hund vor einem sitzt oder steht.

Besitzer ängstlicherer Tiere wissen das: Der Bauch ist für viele Hunde eine Stelle, bei der sie zurückschrecken. Bei der abendlichen Streicheleinheit darf es also schon einmal statt nur über den Rücken auch unter die Achsel gehen – oder eben beim Hinterlauf in den Schenkelbereich – und schon haben Sie den ersten Schritt ganz unverfänglich gemeistert. Beim nächsten Mal verharren Ihre Finger etwas länger dort – und fühlen schon einmal, ob Sie den Puls dort nehmen können. Das bauen Sie von Mal zu Mal so aus, dass Sie den Druck auf die Stelle, an der Sie Fühlung haben, erhöhen. Am Ende sind Sie soweit, dass Sie den Puls auch zählen könnten – und es dann auch tun: Anzahl der Pulsschläge in einer 15-Sekunde-Zeitspanne zählen.

Je entspannter der Hund ist, umso genauer haben Sie dann den normalen Ruhepuls Ihres Tieres – und können ihn als Referenz nutzen. Für Fortgeschrittene folgt dann die Übung, dass dieses Pulsmessen auch andere Personen tun dürfen – beziehungsweise der Hund es in jeder Position zulässt, also sowohl stehend, sitzend oder auch liegend. Geschafft? Bravo, jetzt können sogar die Helfer bei Notsituationen anpacken.

2. Position, Geräusche und Hilfen annehmen

Übung 6

Seitlich hinlegen lassen ist etwas, das viele Hunde nur tun, wenn sie sich ganz sicher und geborgen fühlen und den Menschen vertrauen. Haben Sie Glück, und Ihr Hund ist immer gut drauf, ist das sicher eine einfache Übung und Sie brauchen wenig Training. Doch sich auf Aufforderung auf einem Tisch in der Tierarztpraxis hinzulegen, ist etwas ganz Anderes, als das zuhause zu tun. Darum kann auch mit dem liebsten und vertrautesten Tier ein entsprechendes Medical Training hilfreich sein.

„Sitz, Platz, **Leg dich**" – das ist die Lernfolge, die Sie Ihrem Hund beibringen. Dabei ist das Legen – egal ob mit entspannt liegendem Kopf oder doch einem wachsamen Auge und leichtem Anheben – das, was wir erreichen wollen, für die meisten Untersuchungen und Erste-Hilfe-Maßnahmen.

Wenn der Hund das Sich-setzen und Platz-einnehmen beherrscht, kommt der Part, bei dem Sie ihm das **Seitlich-hinlegen** beibringen müssen. Tut der Hund das beispielsweise nach einem ausgiebigen Spaziergang normalerweise zuhause bereits selber auf seinem Platz, nutzen Sie diese Gelegenheit zum Signal-einführen. Das bedeutet: Sie geben ihm das dafür eindeutige Signal, wenn er es sowieso tun will. Also: Der Hund geht in Richtung seines Platzes – will sich hinlegen – und Sie sagen freundlich, aber im richtigen Moment, bevor er sich hinfallen lässt: „Leg dich." Seien Sie darauf vorbereitet, denn wenn er es tut, sollten Sie ihn mit einem Lob, Clicker oder anderer Belohnung, die ihn weiter liegen bleiben lässt, dafür auch belohnen. Tun Sie das öfter, und gerne auch an anderen Orten – bis Sie es einmal ersatzweise mit einer Decke probieren. Diese bereitet auf den späteren Tisch vor. Also statt auf dem eigenen Platz geben Sie das Signal, wenn Sie den Hund auf eine rechteckige Decke gelotst haben. Funktioniert das im Haus, üben Sie es draußen – und natürlich können Sie das Ganze auch mit einem Gartentisch schon einmal üben ...

▶ **TIPP:** Versuchen Sie, diese Übung mit bereits eintrainierten und erfolgreich kennengelernten anderen Medical Training-Übungen zu kombinieren. Dann sind Sie für den nächsten Tierarztpraxisbesuch bestens vorbereitet!

Übung 7

Bei einem Unfall ist es nicht immer einfach, die Ruhe zu bewahren – viele **fremde Geräusche,** beispielsweise das Martinshorn, schlagende Türen und Ähnliches können unsere Hunde zusätzlich zur kritischen Situation beunruhigen. Wenn Sie Ihrem Hund von klein an vermitteln können, dass solche Krachmacher ihm nichts anhaben, wenn Sie in der Nähe sind, ist auch das etwas, was er meistern kann. Natürlich sollen Sie jetzt nicht einen Fehlalarm bei der Rettung auslösen, um den Hund mit solchem Lärm vertraut zu machen. Aber immer dann, wenn Sie in der Stadt beispielsweise die Gelegenheit dazu haben, nutzen Sie ruhig einmal die Situation aus. Auch knallende Mülltonnendeckel (oder Silvesterkracher) sind ja Geräusche, die unsere Hunde erschrecken können.

Wenn Sie solche Situationen vorhersehen können, bietet sich an, den Hund durch eine **Konditionierung** davon abzubringen, diese Geräusche als unmittelbar bedrohliche Gefahr wahrzunehmen. Geben Sie dem Hund in solchen Situationen Sicherheit. Kommunizieren Sie mit ihm, indem Sie andere, einfache und aus dem Effeff funktionierende Übungen machen, die das störende Geräusch in den Hintergrund rücken lassen. Das müssen keinesfalls notfallrelevante Übungen sein – es geht ja nur darum, ihm beizubringen, dass er sich nicht auf diese Geräusche konzentrieren muss oder besser: dass diese ihm nicht gefährlich werden können.

Wenn Sie den Hund beispielsweise scheren lassen, ist das Kennenlernen des Geräuschs der Maschine hilfreich. Ist die Geräuschkulisse keine Bedrohung mehr, lässt er als nächstes Berührungen des Geräts zu und letztlich auch die Behandlung. Auch eine Krallenschleifmaschine sollten Sie erst als Geräusch, dann als Berührung und erst im letzten Schritt als tatsächlich eingesetztes Hilfsmittel einführen.

Übung 8

Selbst, wenn nicht jeder dem Hund „auf die Pelle“ rücken beziehungsweise ihn anfassen darf, haben Sie eine Möglichkeit, **Helfende und sich selbst zu schützen** im Notfall. Die **Maulschlaufe** leistet hier große Dienste. Wie diese im Einzelnen angesetzt und angelegt wird, ist in der Erste-Hilfe-Lektion ausführlich beschrieben.

Die Maulschlaufe als etwas zwar vielleicht Lästiges, aber keinesfalls Bedrohliches oder über längeren Zeitraum zu Tragendes kennenzulernen, ist für unsere Hunde eine große Hilfe und Entlastung im Notfall. Daher rate ich jedem, das zu üben – egal wie nett der Hund sonst zu allen ist, wenn er Schmerzen hat oder verletzt ist, kann er jeden beißen. Lieber legen Sie einmal zu viel eine Maulschlaufe an als einmal zu wenig. Gehen Sie dabei bewusst in kleinen Schritten und mit Abstand zwischen den einzelnen Einheiten vor. Das Schlinge-übers-Maul-Legen, das Zuziehen, das Nach-unten-erneut-Schließen – machen Sie es nicht alles beim ersten Mal. Gönnen Sie dem Hund immer danach die Zeit, das Maul aufzureißen und im Idealfall etwas damit aufzufangen oder festzuhalten – damit er weiß: Es ist nichts, was mich dauerhaft behindert.

! **Sicherheit für Sie und den Hund** steht an erster Stelle im Notfall – beim Üben sollte der Aspekt „Ich mache es gerne für (und mit) meinen Menschen“ überwiegen.

Übung 9

Wir mögen es überhaupt nicht, einer Situation hilflos ausgeliefert zu sein. Unsere Hunde mögen das genauso wenig. Daher ist das **Auf-einer-Decke-liegen-Bleiben** und **Sich-tragen-Lassen** etwas, dass die wenigsten von sich heraus besonders toll finden. Sie sind uns ausgeliefert, bestimmen nicht selbst, wo es langgeht und wie. Ist der Hund in einer Notsituation mehr oder weniger bewegungsunfähig, wird er sich dem Schicksal leichter ergeben. Doch was ist, wenn er wach ist, aber wegen einer Verletzung eben nicht selber laufen sollte? Ist er das Getragen-werden nicht gewöhnt, wird er selbst dann versuchen, aufzuspringen und selber laufen wollen. Wir stecken in einem Dilemma – denn wenn der Hund gesund und fit ist, ist seine Bereitschaft, auf einer Transportdecke liegen zu bleiben, in der Regel noch geringer, wenn wir sie hochheben. Daher heißt es: Gut Ding will Weile haben. Wir müssen mit der Gewöhnung an die Decke beginnen. Haben Sie das bereits mit dem „Leg dich“-Signal und der entsprechenden Übung aus dem Medical Training gemacht, sind wir einen Schritt weiter. Denn das Ablegen und seitlich entspannte Liegen, beherrscht Ihr Hund dann schon auf Signal. In der Fortgeschrittenen-Variante kann er es auch auf einer Decke.

Nun tauschen wir die Decke mit einer **Transportdecke** aus – oder zumindest sollte sie so stabil sein, dass wir sie mit zwei Personen anheben können und dann straff halten, ohne dass der Hund in der Mitte durchhängen würde. Zum Üben brauchen wir eine dritte, helfende Person – zwei für die Decke, die sie die ersten vorsichtigen Zentimeter anheben – und eine, die den Hund lobt, beruhigt und nicht aus den Augen lässt. Sie kann auch die Signale geben: sowohl das zum Seitlich-hinlegen als auch das Auflösesignal dafür. Und zwar auch dann, wenn der Hund selber aufspringen sollte.

Diese Person bleibt am Anfang dicht an der Decke und beim Kopf. Sie kann den Hund auch gerne berühren – alles, was ihn entspannt liegen lässt. Dann kommt das Anheben – und das sofortige Absetzen und Abbruchsignal, wenn der Hund versucht, aufzuspringen. Üben Sie das nicht zu oft hintereinander – aber regelmäßig.

Es kann beispielsweise eine Routine werden nach einem gemeinsamen Spaziergang, bevor der Hund wieder ins Auto einsteigt. Wir lassen ihn sich sammeln, beruhigen und auf der Decke absitzen, sich hinlegen mit Signal. Dann kommt das langsame Anheben. Jedes Mal ein bisschen weiter. Versuchen Sie, bevor der Hund aufspringt, das Signal selbst aufzulösen – und natürlich von Mal zu Mal die Hebehöhe und -zeit zu verlängern. Gelingt das in Grundzügen und bleibt er beim Anheben weiter liegen – können Sie zufrieden sein und es gut sein lassen.

! **Denken Sie immer daran, den Hund auch zu belohnen!** Im Ernstfall kann er mit der schwierigen Situation umgehen und Sie beide bleiben gelassener.

▶ Übrigens hatten alle Hunde, die für dieses Buch fotografiert wurden, entsprechende Medical Trainings und wir versichern, dass kein Tier zu Schaden kam oder leiden musste!

5

SUCHREGISTER:

Was kann ich tun, wenn der Hund …

Anhand der nachfolgende Fragen können Sie sich an die Themengebiete und die möglichen Erste-Hilfe-Maßnahmen herantasten.

Dabei geht es von Symptomen aus auf **mögliche Ursachen**. Das kann dazu führen, dass unterschiedliche Bereiche zum Nachschlagen zu finden sind.

Die möglichen Lektionen sind in **alphabetischer Reihenfolge** aufgeführt, nicht nach Wahrscheinlichkeit. Bitte berücksichtigen Sie dies beim Nachschlagen. Anhand der Beschreibungen in den jeweiligen Lektionen können Sie bei Unsicherheiten erkennen, ob Sie im richtigen Abschnitt gelandet sind.

●●●

apathisch ist oder gar **nicht auf Ansprache** reagiert?

unruhig und nervös ist?

taumelt?

schwankt oder **umfällt/zusammenbricht?**

krampft oder **am Boden liegt und zuckt?**

schreit und zuckt?

plötzlich **humpelt** oder **lahmt**?

eine **Pfote schont**?

röchelt oder **hustet**?

würgt und **keucht?**

an der **Pfote blutet?**

aus der **Nase blutet?**

stark **hechelt** oder **Fieber** hat?

plötzlich **friert** oder **zittert**?

extrem heiß ist?

Büschel **Fell verliert** oder **gerötete Stellen** hat?

transportiert werden muss?

! Unbedingt direkt zum Tierarzt sollten Sie, wenn der Hund

…

- stark an mehreren Stellen blutet
- große blutende Verletzungen hat
- vermutlich innere Verletzungen haben könnte
- wiederbelebt werden musste
- mehrere oder offene Bruchverletzungen hat
- ausgerenkte Gelenke hat
- Vergiftungserscheinungen hat

6

GUT VORBEREITET:
Erste Hilfe praktisch

In den folgenden 18 Lektionen werden Sie durch die wichtigsten und häufigsten Erste-Hilfe-am-Hund-Maßnahmen geführt, die bei verschiedenen Symptomen greifen.

FÜR DIE SCHNELLE SUCHE

Dabei ist berücksichtigt, dass **Sie als Laie handeln** – und vor allem die ersten praktischen Maßnahmen kennen und durchführen lernen. Das Suchregister erleichtert Ihnen das Auffinden der Lektionen, bei denen die geschilderten Symptome auftreten können. Ganz wie bei einem **Erste-Hilfe-Kurs** gelangen Sie vom Erfassen der Situation über die ersten Maßnahmen bis zum Hinweis, wann Sie nichts mehr vor Ort selber tun können und eine Tierklinik oder Tierärzte aufsuchen oder holen sollten. Sie haben die Möglichkeit, die nach Maßnahmen gegliederten Lektionen unabhängig von einer konkreten Notfallsituation zu nutzen. Um Ihnen manche Griffe und Aktionen besonders anschaulich zu vermitteln, haben wir die Lektionen mit Fotos soweit möglich illustriert. So können Sie Schritt für Schritt die Anleitungen auch bildlich nachvollziehen.

Lektion 1: Maulschlaufe

Selbst der liebste Hund kann, wenn er verletzt ist und Schmerzen hat, abwehrend reagieren und so gefährlich werden. Handeln Sie daher immer mit größtmöglichem Eigenschutz, wenn Sie einem Tier – sogar dem eigenen – helfen wollen. Wenn Sie einen Hund beispielsweise nach einem Unfall oder in einer Notsituation untersuchen müssen, weil eine Verletzung vorliegt, legen Sie lieber einmal zu viel eine Maulschlaufe an. Sie schützt vor allem Sie und schadet – außer, es liegt eine Maulverletzung vor – in der Regel nicht. Sie können nie sicher sein, dass ein verletztes Tier nicht zuschnappt, um sich vor vermeintlichen weiteren Schmerzen zu schützen.

Eine stabile, nicht elastische Binde eignet sich hierfür gut, auch ein Schal tut es zur Not. Sie können notfalls auch zu in handelsüblichen Erste-Hilfe-Koffern vorhandenem Verbandsmaterial greifen und eine normale Mullbinde verwenden.

Sie verhindern durch diese einfache Maßnahme, dass ein Hundebiss Sie oder Helfende gefährdet.

▶ **TIPP:** Um selbst Routine darin zu bekommen und auch die eigenen Vierbeiner daran zu gewöhnen, können Sie Maulschlaufen in Ihr Trainingsprogramm aufnehmen. Sie werden feststellen, dass Sie nach ein paar Testläufen in Windeseile eine Maulschlaufe anlegen können.

So legen Sie die Maulschlaufe an:

- Nehmen Sie **eine der breiteren Mullbinden** aus dem Koffer und schneiden Sie einen Streifen mit ausreichender Länge ab, sodass Sie ihn doppelt gelegt mehr als schulterbreit halten können (bei kleineren Hunden kann es auch kürzer sein, es kommt auf Schnauze und Kopfumfang des Hundes an).
- Machen Sie **eine Schlaufe mit lockerem Knoten**, sodass sie sich leicht über das Hundemaul legen lässt.
- Legen Sie die Schlaufe mit dem Knoten nach oben um die Schnauze. **Ziehen Sie die Schlaufe enger**, sodass das Maul geschlossen ist (nicht zu eng ziehen, die Schlaufe sollte es nicht abschnüren).

Das Verbandmaterial aus dem Erste-Hilfe-Set reicht im Notfall aus, um eine Maulschlaufe für jeden Hund erstellen zu können. Mullbinden doppelt genommen und in der passenden Länge …

… lassen sich nutzen. Binden Sie zunächst eine Schlaufe mit einem Knoten …

… legen diese dann mit dem Knoten oben um die Schnauze.

4

Ziehen Sie den Knoten fest, ohne die Schnauze einzuschnüren.

5

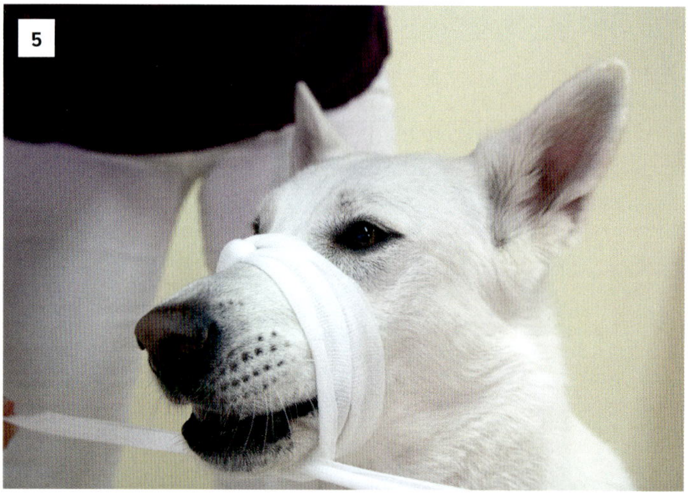

Führen Sie die Enden nun nach unten und binden erneut einen Knoten, den Sie wieder ausreichend festziehen.

6

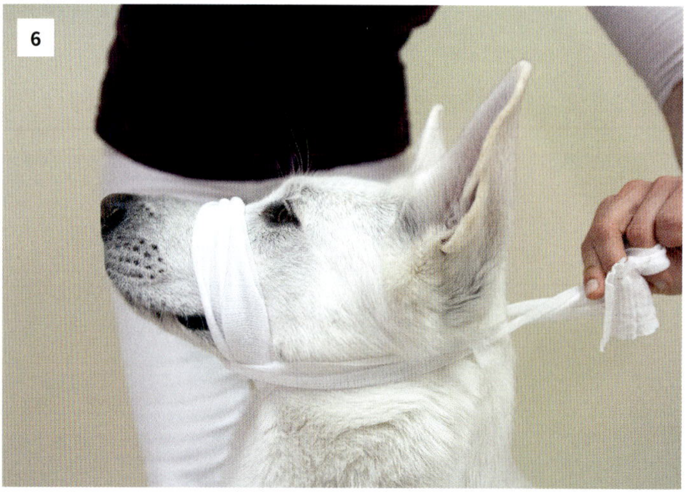

Nehmen Sie die Enden nach hinten und binden einen Knoten, der den Hals nicht einschnürt, aber die Maulschlaufe an Ort und Stelle hält.

- Führen Sie die losen Enden nach unten und machen Sie unter dem Maul **erneut einen Knoten**. Ziehen Sie diesen ebenfalls an.
- Führen Sie die Enden **hinter den Kopf und verknoten diese dort nochmals**. Hier ist ein Doppelknoten sinnvoll, damit sich die Schlinge nicht löst.

! **Achtung:** Sollten Sie eine Maulschlaufe bei einem bewusstlosen Hund anlegen müssen, achten Sie darauf, dass die Zunge nicht eingeklemmt wird oder der Hund sich darauf beißt!

▶ ERSTE-HILFE-UTENSILIEN

Für die Maulschlaufe brauchen Sie:

> **Schere**
> **Mullbinde** oder schmale Verbandbinde, die Sie doppellagig verwenden können
> Alternativ: **Schal** oder größeres **Halstuch**

Maulschlaufen sind bei einem Unfall einfacher und handlicher als Maulkörbe – außerdem können sie gerade bei bewusstlosen Hunden besser angelegt werden. Zudem haben sie den Vorteil, dass sie nicht über den Nasenrücken und die Stirne führen, was gerade für verunfallte Hunde ein zusätzliches Stressmoment darstellen kann, wenn ihr Blick eingeschränkt wird.

Ein gut sitzender Maulkorb kann aber für den Besuch beim Tierarzt wiederum einfacher zu handhaben sein, zumal Sie dann weiter die Hände frei haben. Auch das Tragen des Maulkorbs sollten Sie dafür geübt haben. Möglichst in kleinen Einheiten, bei denen der Hund nach dem Anlegen erfährt, dass ihm nichts Schlimmes passiert.

Lektion 2: Kreislaufprobleme und Schockzustand

Relativ häufig haben wir es bei unseren Hunden mit Kreislaufproblemen zu tun. Das kann witterungsbedingt sein, aber auch aufgrund genetischer Anlagen passieren. Wichtig ist es, dass Sie Ursachenforschung betreiben, wenn solche Probleme erstmals auftreten.

Häufig kommt es auch im Zusammenhang mit Unfällen zu Kreislaufproblemen. Das kennen wir aus dem Ersthelfer-Alltag auch bei uns Menschen: Ein unerwartetes, zum Teil auch schockierendes Ereignis bringt auch unseren Kreislauf durcheinander. Das muss nicht gleich zum Komplettausfall führen (siehe hierzu geeignete Maßnahmen zur Wiederbelebung im Abschnitt über die Sofortmaßnahmen), kann aber trotzdem die Gesundheit des Hundes beeinträchtigen.

Vor der korrekten Behandlung steht das eindeutige Erkennen von Kreislaufproblemen. Sofern Sie dem Hund an die Lefzen fassen können, ist das relativ einfach. Diese Kontrolle kann auch nach Anlegen einer Maulschlaufe (siehe Lektion 1) erfolgen.

Sichtbar machen von Kreislaufproblemen

- **Kreislaufprobleme** können Sie an den Schleimhäuten erkennen: Normalerweise sind die **Schleimhäute** im Maul eines gesunden Hundes **kräftig rosa.**

▶ **TIPP:** Um sicherzugehen, dass der Hund einen normalen Kreislauf hat, prüfen Sie die **kapillare Füllzeit**. Das ist die Zeit, die das Blut benötigt, um nach Druck auf die Schleimhaut diese Stelle wieder zu füllen. Beim gesunden Hund dauert das maximal 1 bis 2 Sekunden.

- Sind die **Schleimhäute lila oder bläulich** verfärbt, zeigt das einen Sauerstoffmangel an. Dieser kann aufgrund von Herzproblemen oder Atemnot (siehe Lektion 6) aufgekommen sein. Stellen Sie dies fest, ist der Gang zum Tierarzt dringend geraten.
- Sind die **Schleimhäute blassrosa oder weißlich**, deutet das entweder auf einen starken Blutverlust hin oder es liegt ein Schockzustand vor.

Durch leichten Druck auf das Zahnfleisch muss beim Loslassen die Haut zunächst blass sein und sich dann in Bruchteilen von Sekunden wieder mit Blut füllen und röten.

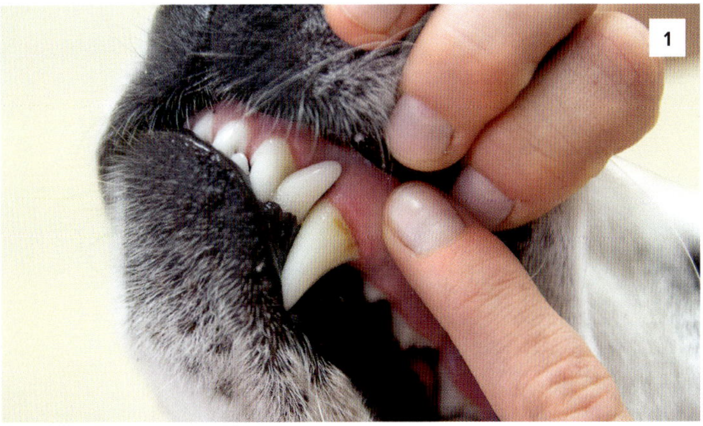

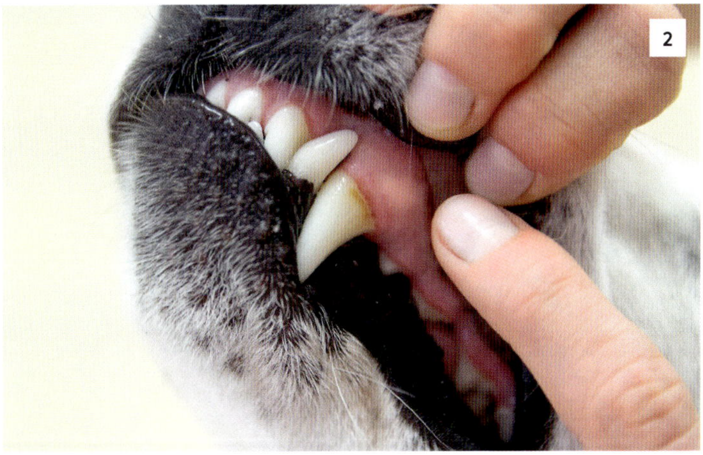

▶ **FILM:**
Kapillare Füllzeit

http://mein.mueller-rueschlikon.de/42126/02.php

Maßnahmen bei leichter Kreislaufschwäche:

!

Achtung: Versuchen Sie, die Situation für den Hund erträglicher zu machen: Bringen Sie den Hund in den Schatten an einem heißen Tag, fächeln Sie ihm Luft zu und informieren Sie einen Tierarzt. **Sollte sich nicht innerhalb der nächsten Minuten der Zustand bessern: Ab zum Tierarzt!**

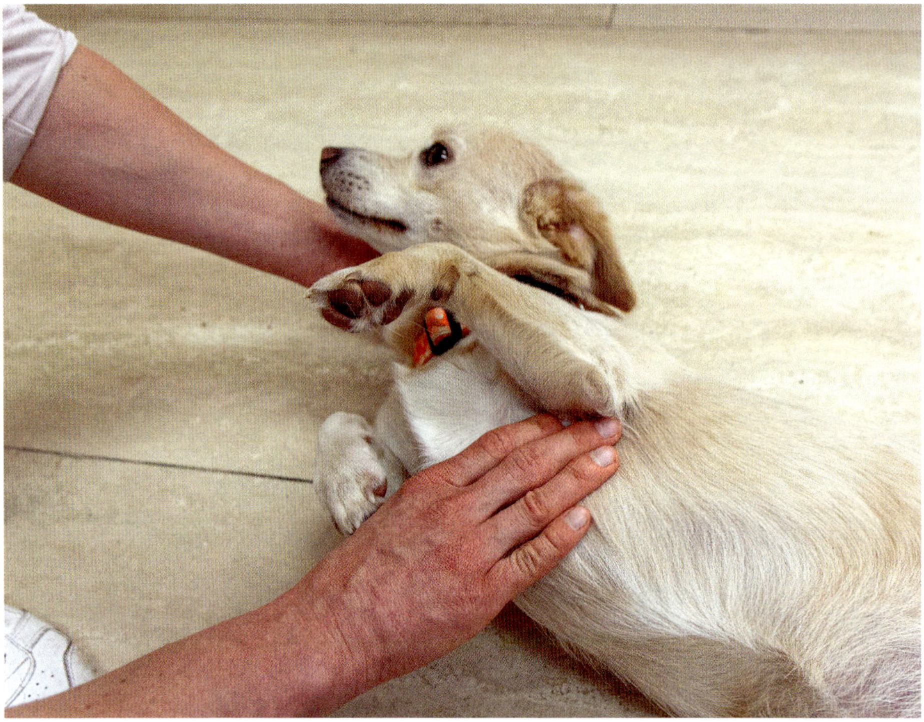

Der Pulsschlag ist an zwei Stellen beim Hund deutlich zu ertasten. Wählen Sie die Stelle, an der Sie für sich den Impuls besser spüren.

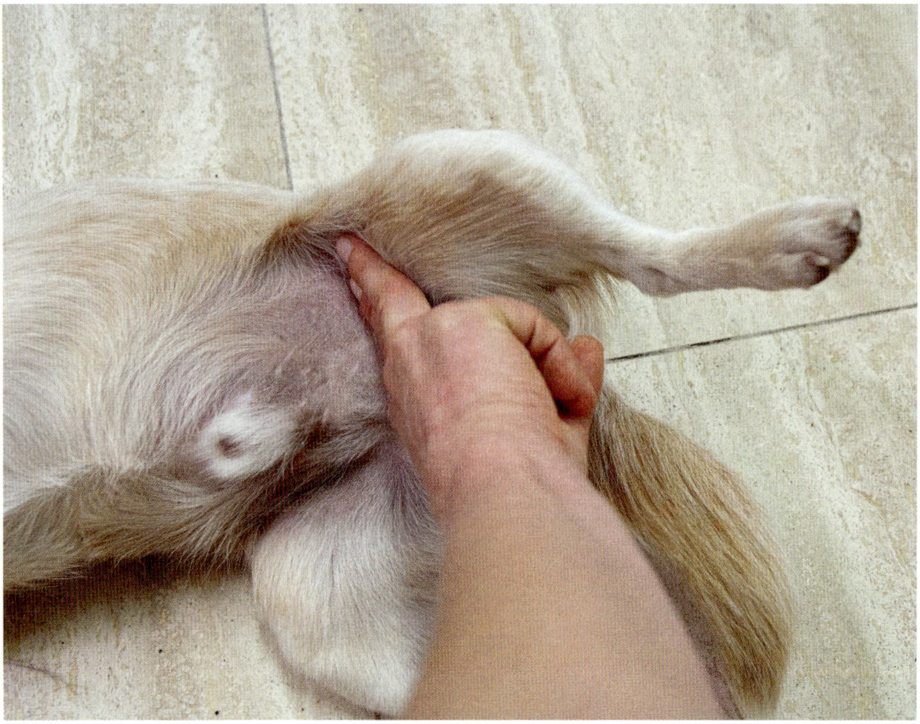

Maßnahmen bei akutem Schockzustand:

Haben Sie die Befürchtung, dass es sich um einen Schockzustand handeln könnte, können Sie dies anhand weiterer Merkmale erkennen.

Auf einen **akuten Schockzustand** lassen folgende Symptome schließen:

- Der Hund läuft taumelnd oder ist zusammengebrochen.
- Der Körper, insbesondere Ohren und Pfoten (und Schwanzspitze), sind deutlich zu kalt.
- Der Hund kann zittern und wie bei einem Schüttelfrost reagieren, weil er friert.
- Die **Atmung** ist **flach und schnell**, der Hund muss auffällig hecheln oder atmet schnell durch den Fang.
- Die **Herzfrequenz** ist **deutlich erhöht**, der Puls ist schnell und pochend. Die normale Herzfrequenz ist je nach Hunderasse und -größe unterschiedlich schnell, bei kleineren Hunden schlägt das Herz auch im Ruhezustand schneller als bei einem größeren.

Der Pulsschlag kann – ähnlich wie bei der Atemfrequenz – innerhalb von 15 Sekunden gezählt und vervierfacht als Wert ermittelt werden.

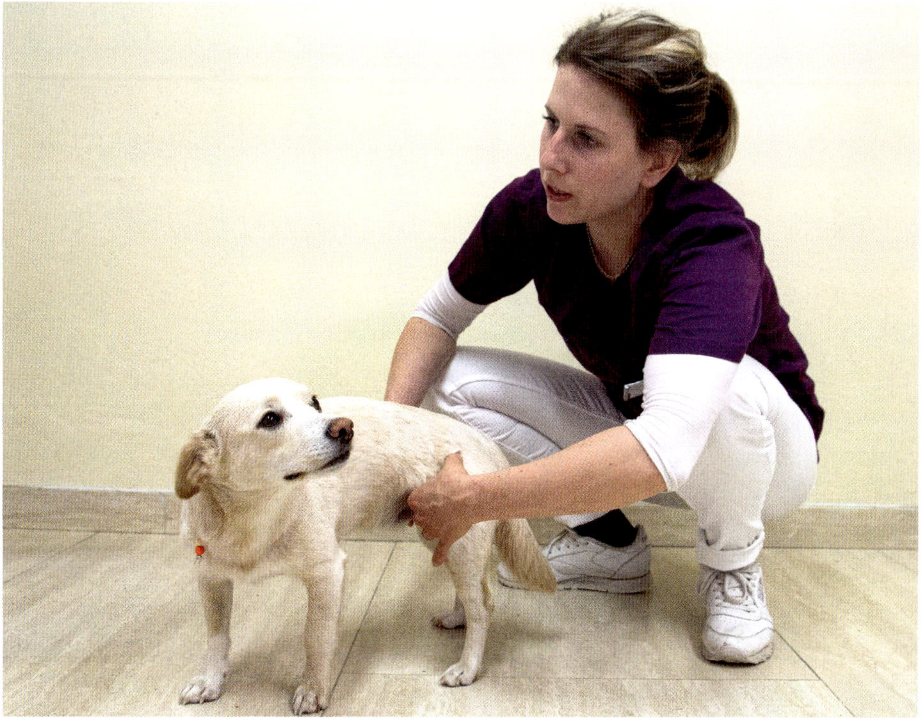

> Kleinere Hunde haben normalerweise einen Puls **von 100 bis 130** Schlägen pro Minute.
> Große Hunde können einen Puls **von 70 bis 100** Schlägen pro Minute als gesunde Frequenz aufweisen.

! **Achtung:** Bei einem Schockzustand müssen Sie alle weiteren Maßnahmen hintenanstellen – lediglich offene blutende Wunden sollten provisorisch gestillt werden – und sofort mit Erstmaßnahmen beginnen.

- Den Hund möglichst auf einer Decke auf der rechten Körperseite lagern, ggf. mit einer Decke zudecken, um den Wärmehaushalt zu regulieren.
- Die Zunge aus dem Maul ziehen und für Atmung sorgen, ggf. beatmen.

Sofern der Hund transportfähig ist, sollten Sie den Tierarzt aufsuchen oder andernfalls den Tierarzt oder die Tierrettung alarmieren.

▶ **TIPP:** Behalten Sie das Tier immer im Blick, beim Transport sollten Sie dafür eine zweite Person um Hilfe bitten.

▶ ERSTE-HILFE-UTENSILIEN

Für Hilfe bei Kreislaufproblemen/Schockzuständen brauchen Sie:
> **Stoppuhr**/Sekundenzähler am Smartphone
> Wärmende **Decke**
> Ggf. Tragedecke

Kreislaufprobleme können vielfältige Ursachen haben, suchen Sie daher unbedingt eine Tierarztpraxis auf, um Ursachen abzuklären, wenn Sie situationsbedingte Veränderungen ausschließen können.

Lektion 3: Krampfanfall

Krämpfe beim Hund können verschiedene Ursachen haben – in der Regel überraschen sie uns Hundehaltenden meist unvermittelt.

Wenn der Hund – aus welchem Grund auch immer – einen Krampfanfall bekommt, drückt sich das dadurch aus, dass:

- Er umkippen und sich **unkontrolliert auf dem Boden winden** kann.
- Er dabei nicht ansprechbar ist und keine Kontrolle über seine Bewegungen hat. (Manche Hunde „schreien" dabei – das ist kein Zeichen von Verletzungsschmerzen!)

Sie sollten dann nicht in Panik geraten, sondern überlegt handeln:

- Räumen Sie **scharfkantige oder harte Gegenstände aus dem Weg**.
- Versuchen Sie, harte Ecken zu polstern und dem Hund Bewegungsraum zu geben.
- Achten Sie darauf, dass der Hund **nichts ins Maul** nimmt. Greifen Sie jedoch nie hinein, um etwas herauszuziehen.
- Beobachten Sie die Situation – meist geht ein Anfall rasch wieder vorbei. Sollte der Hund nach 5 bis 10 Minuten immer noch krampfen, sollten Sie mithilfe einer zweiten Person den Hund **möglichst liegend** auf dem schnellsten Weg zum Tierarzt transportieren.
- Informieren Sie den Tierarzt vorab!

Die Fahrt zum Tierarzt ist ebenfalls ratsam, wenn der Hund nach längerer Pause erneut einen Krampfanfall bekommt.

▶ **TIPP:** Die Diagnose, was Auslöser für einen solchen Krampfanfall gewesen sein kann, sollte durch einen tierärztlichen Check-up erfolgen. Wichtig ist dabei auch, dass Sie sich nach dem Anfall und intensiver Betreuung des Hundes **Notizen machen,** was passiert ist und wie der Anfall verlief. Auch eine Videoaufnahme ist hilfreich, mit dieser können Sie unter anderem auch die Dauer des Krampfanfalls dokumentieren. Gefühlt dauern solche Krämpfe nämlich meist viel länger, als es tatsächlich gemessen ist. Ähnlich wie bei einem epileptischen Anfall beim Menschen sind es mehrere Phasen, die der Hund dabei durchläuft. Als **Anfallphase** wird die gerechnet, in welcher **der Hund**

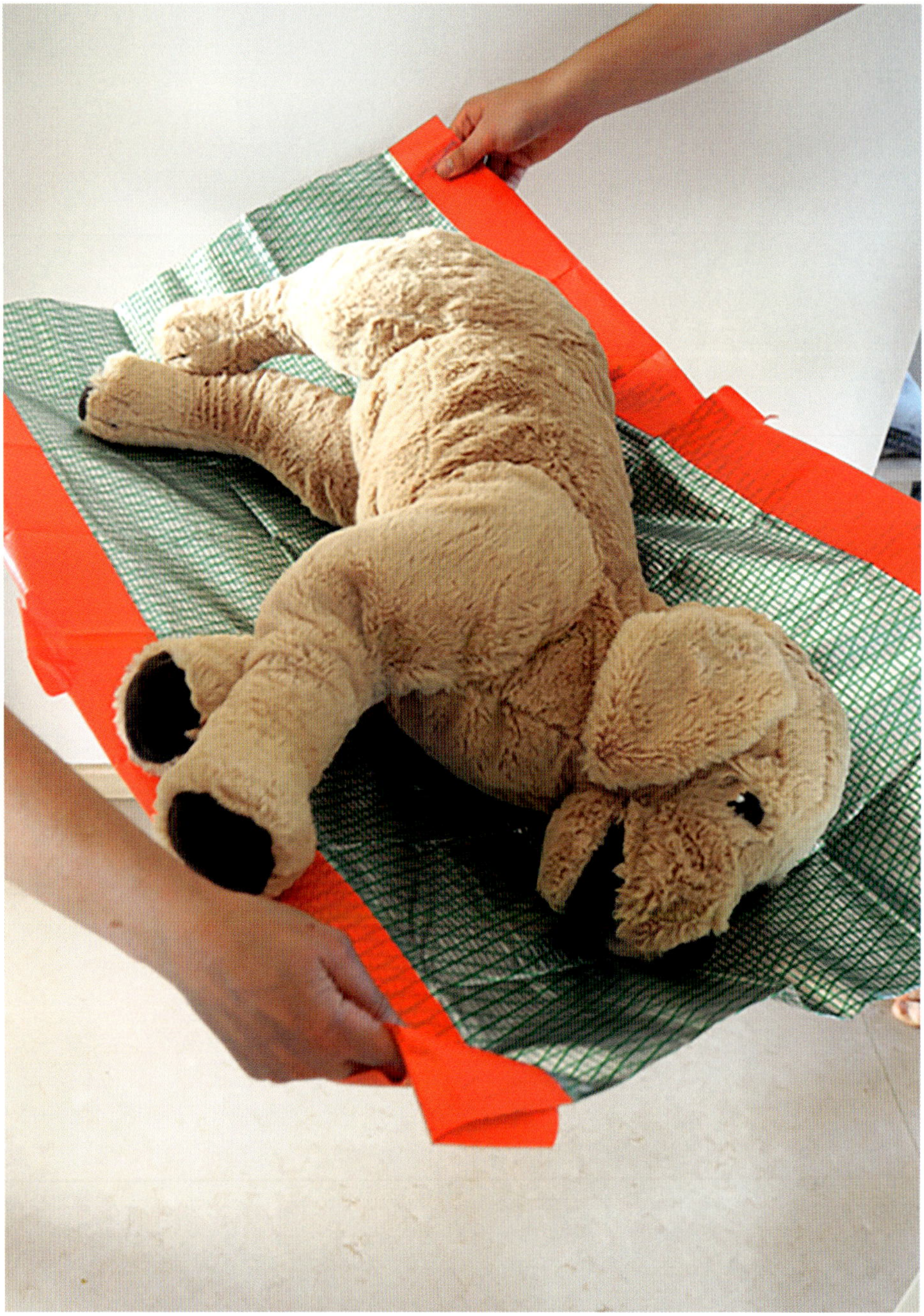

Wenn der Hund nach einem akuten Krampfanfall transportiert werden soll, sollte er immer liegend und längs zur Laufrichtung der Trage transportiert werden. So wird vermieden, dass er durch unkontrollierte Bewegungen (er befindet sich ja oft noch nicht wieder bei vollem Bewusstsein und hat wenig Orientierung) von der Transportdecke fallen kann.

krampft und nicht ansprechbar ist. Die Phase, in der der Hund wieder auf Sie reagiert, auch wenn er teilweise erst noch „wieder ganz zu sich" kommen muss, zählt nicht mehr dazu.

Achtung: Es gibt zwei Formen von Krampfanfällen, die auftreten können!

Notizen und Dokumentationen ermöglichen eine bessere Diagnose in der Tierarztpraxis. Nicht alle Anfälle lassen sich auf genetisch bedingte Ursachen zurückführen, auch das ist wichtig. So kann es sein, dass Ihr Hund einmalig, aufgrund einer besonderen Situation, in einen Krampfanfall fällt – und dann nie wieder in seinem Leben. Ihre Tierarztpraxis kann Ihnen häufig beratend zur Seite stehen und bei der Einordnung helfen.

So unterscheidet man zwischen der sogenannten **idiophatischen Epilepsie**, die nicht durch einen Vorfall ausgelöst wird, und der **symptomatischen Epilepsie**, die wir in der Regel einmalig aufgrund besonderer medizinischer Ereignisse beobachten können. Zu Auslösern können Tumore, Infektionen, Schädeltraumata oder auch Vergiftungen gehören.

Ist es so, dass sich epileptische Anfälle häufen, sollten Sie auf jeden Fall ein **Epilepsie-Tagebuch** führen. Damit kann die geeignete Behandlungsmaßnahme leichter ermittelt werden und Sie bekommen ein Gefühl, wann es wieder soweit sein könnte: Sie erkennen erste Anzeichen, Sie können ggf. anhand der Wetterlage (manche Hunde sind wetterfühlig und reagieren auf deutliche Luftdruckänderungen etc. mit einem Anfall) Risiken erkennen etc. Ein solches Tagebuch – bzw. was Sie eintragen sollten – erhalten Sie in der Tierarztpraxis.

Sollte bei Ihrem Hund eine entsprechende Diagnose gestellt werden, stellen Sie sich darauf ein, dass diese Anfälle und deren Behandlung Ihr Tier bis zu dessen Lebensende begleiten werden. Ihre Intensität und Häufigkeit können Sie aber in Zusammenarbeit mit Tierärzten beeinflussen.

Lektion 4: Hitzschlag und Körpertemperatur

Extremes Hecheln und Unruhe können – gerade bei heißen Temperaturen oder Fahrten in überhitzten Fahrzeugen – Anzeichen für einen Hitzschlag sein. Selbst, wenn es für Sie im Fahrzeug noch erträgliche Temperaturen hat, kann ein Hitzestau bzw. die ungleiche Verteilung für einen Hund im Fond Stress bedeuten. Seine Möglichkeiten, das auszugleichen, sind begrenzt, den Hunde haben weniger Schweißdrüsen als wir. Um sicherzugehen, ob es sich lediglich um ein Abkühlen handelt oder darüber hinaus schon Anzeichen für einen Hitzschlag zu beobachten sind, gehen Sie mehrstufig vor. Der erste Schritt ist:

Temperatur messen

- Fühlt sich der Hund sehr heiß an?

▶ **TIPP:** **Messen Sie die Körpertemperatur** mithilfe eines klassischen Thermometers. Dieses müssen Sie ausreichend tief in den After einführen (üben Sie dies gelegentlich ohne eine Messnotwendigkeit, damit der Hund sich daran gewöhnt und nicht schnappt).

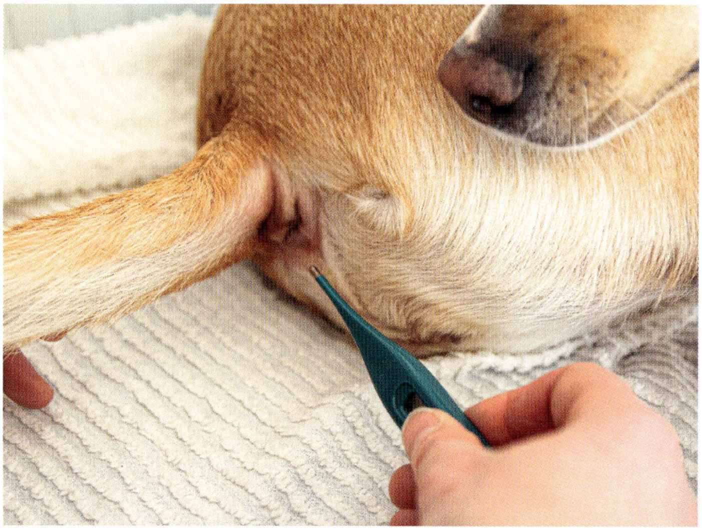

Mit einem klassischen Fieberthermometer wird die Temperatur beim Hund rektal gemessen.

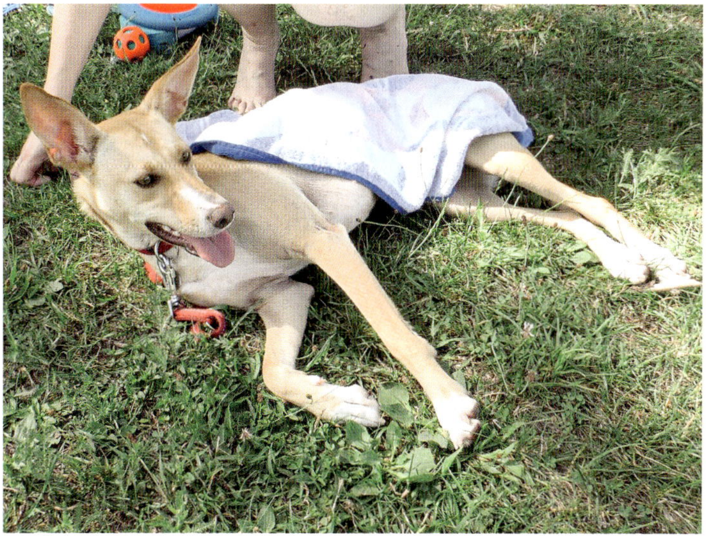

Hund mit kühlendem Tuch nie ganz abdecken, damit kein Hitzestau darunter entsteht.

- Liegt die **Körpertemperatur über 39 Grad**, fiebert der Hund. Eine Ursache dafür kann Hitzschlag sein – insbesondere, wenn die äußeren Umstände entsprechend sind und Sie das nachvollziehen können.

Abkühlen und beobachten

- Bringen Sie den Hund an einen kühlen, schattigen Ort.
- Ist der Hund so überhitzt, dass er nicht mehr ansprechbar ist, sollten Sie direkt den Weg zum Tierarzt antreten. Legen Sie ihm wenn möglich einen Coolpack oder ein anderes Teil aus dem Gefrierschrank in den Nacken (ohne direkten Körperkontakt, evtl. in ein Handtuch gewickelt) und fahren Sie in Begleitung einer zweiten Person.
- Ist das Tier ansprechbar, beginnen Sie, es von den Pfoten und Gliedmaßen her mit kühlem Wasser zu übergießen.
- Arbeiten Sie sich von hinten nach vorne bis zum Hals vor.
- Der Hund kann auch auf ein nasses Handtuch gelegt werden.

! **Achtung:** Decken Sie ihn nicht komplett mit dem Handtuch zu, unter dem Stoff kann ein Hitzestau entstehen!

Wenn der Hund sich nicht schnell wieder erholt und normal atmet und zur Ruhe kommt, fahren Sie zum Tierarzt.

Lektion 5: Atmung

In der Regel machen wir uns nicht viele Gedanken um die Atmung unserer Hunde. Sie rückt erst dann ins Blickfeld, wenn sie „anders als normal" ist. Da stellt sich natürlich die erste Frage: Was ist normal? Normal ist:

- ein gleichmäßiges Heben und Senken des Brustkorbs, sowie
- ein in der Regel geschlossener Fang und
- das Fehlen von lauten Atemgeräuschen.

Atemgeräusche sind, je nach Rasse beziehungsweise Aufbau und Form der Nase, nicht immer unhörbar. Gerade kurznasige Hunde leiden oft unter einer Beeinträchtigung und sind im übertragenen Sinne kurzatmig. Hier kann ein Schnaufen oder schnorchelndes Atemgeräusch auftreten, wenn der Nasen-Rachen-Raum verengt oder verkürzt ist.

Hunde atmen in der Regel nicht durch den Mundraum – Hecheln dient der Abkühlung bei sommerliche Hitze, wenn es auch Hunden einmal zu warm wird. Oder aber sie sind nach ausgelassenem Spielen und Toben so aufgedreht, dass sie ebenfalls zum „Abkühlen" hecheln.

In allen anderen Fällen, in denen Sie eine Veränderung zum normalen Atmen bemerken, können Sie die Atmung zunächst einmal selbst durch eine einfache Messung der Atemfrequenz kontrollieren.

Atmung kontrollieren

Wenn Sie sich unsicher sind, ob Ihr Hund einfach nur zu erregt ist oder ob doch noch etwas anders dahintersteckt, sollten Sie seine Atemfrequenz kontrollieren. In der Regel atmet ein Hund **rund 30 Mal in der Minute,** kleiner Hunde atmen etwas häufiger pro Minute als größere.

- Um die Atemfrequenz zu ermitteln, können Sie das **Heben und Senken des Brustkorbes** beobachten, und entsprechend eine Minute lang zählen.
- Auch das Zählen der Atembewegungen innerhalb von 15 Sekunden genügt, um die Atemfrequenz festzustellen. Der Wert wird dann einfach mit 4 multipliziert.

Haben Sie den Eindruck, dass der Hund zu schnell atmet, beobachten Sie dies über einen längeren Zeitraum, während der Hund nichts tut und sich im Kühlen befindet. Ist die Frequenz deutlich erhöht, sollten Sie den Tierarzt aufsuchen. Es besteht die Möglichkeit, dass ein **Kreislauf**- oder Herzproblem den Hund belastet.

Das Heben und Senken des Brustkorbs sieht man auch am Rücken, ebenso, wenn der Hund sitzt oder abgelegt wurde.

Die Atemfrequenz lässt sich durch einfaches Zählen ermitteln. Sie kann – ähnlich wie bei der Herzfrequenz – innerhalb von **15 Sekunden** gezählt und vervierfacht als Wert ermittelt werden.

Lektion 6: Atemnot

Wenn der Hund röchelt und würgt, hat er womöglich einen **Fremdkörper im Rachen**.

!

Achtung: Bei einem Insektenstich im Maul oder Rachen sollten Sie sofort zum Tierarzt und eine zweite Person als Begleitung und zur Überwachung des Tiers mitnehmen. Der Hund droht im schlimmsten Fall zu ersticken. Versuchen Sie nicht, selbst den Stachel zu suchen und zu entfernen.

Ist der Stich an der Schnauze oder Nase, sodass ein Anschwellen von außen auf die Nasenhöhle drückt, kann der Hund in der Regel durch verstärktes Hecheln weiteratmen. Ein allergischer Schock kann dennoch auftreten!

Würgereflex auslösen

Steckt dem Hund etwas „quer im Rachen", haben Sie zwei Möglichkeiten, dies zu entfernen:

- Um sich selbst nicht in Gefahr zu bringen, können Sie den Hund dazu bringen, es selbst herauszuwürgen.
  - > Nehmen Sie den Hund zwischen Ihre Beine und stellen Sie sich so hin, dass Sie dem Hund um den Bauch fassen können.
  - > Verschränken Sie Ihre Hände miteinander und ziehen Sie die Arme so weit hoch, dass **der Bauchbereich des Hundes angehoben wird** und er einen krummen Rücken macht. Er kann auch leicht mit den Hinterbeinen vom Boden abheben.
  - > Wiederholen Sie diese Bewegung einige Male, wenn Sie das Gefühl haben, damit den **Würgereflex auszulösen** und den Gegenstand herausbefördern zu können.
- Ist das nicht erfolgreich, kann auch ein im Maul steckender **Fremdkörper** Atemnot auslösen.
  - > Versuchen Sie, das Maul so weit wie möglich zu öffnen (holen Sie sich Hilfe durch eine zweite Person). Eine Person öffnet Ober- und Unterkiefer. Halten Sie dafür den Oberkiefer einfach nur von oben fest. Greifen Sie den **Unterkiefer im Bereich der Schneidezähne** und ziehen ihn sanft **nach unten.**
  - > Die zweite Person kann in den Rachen blicken. Sehen Sie einen Fremdkörper, gehen Sie wie in Lektion 9 vor.

Durch gezielte Umarmung und Anheben des Brustkorbs wird ein Würgereiz ausgelöst und eventuell festeckende oder versehentlich geschluckte Fremdkörper können ausgespuckt werden.

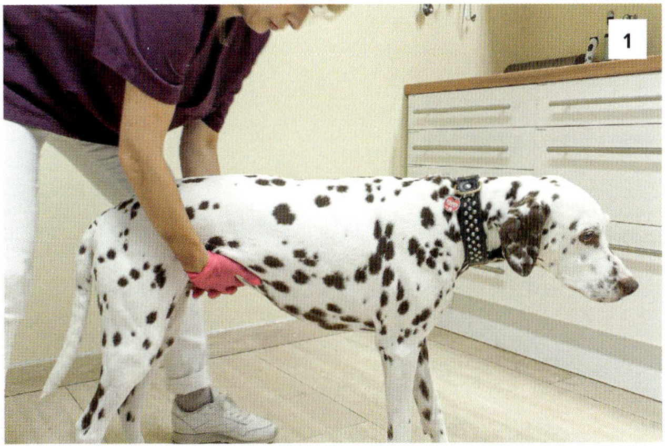

1

Greifen Sie dazu um den Bauch des Hundes mit beiden Händen und verschränken Sie Ihre Finger miteinander, sodass Sie festen Halt haben, aber keine Faust in den Magen drückt. Heben Sie sanft, ohne den Hund vorwärts zu schieben, die Hinterpartie an wie eine Schubkarre. Wiederholen Sie das. Würgt der Hund nichts hervor, müssen Sie wie in Lektion 8 Fremdkörper im Maul ausführlich beschrieben vorgehen.

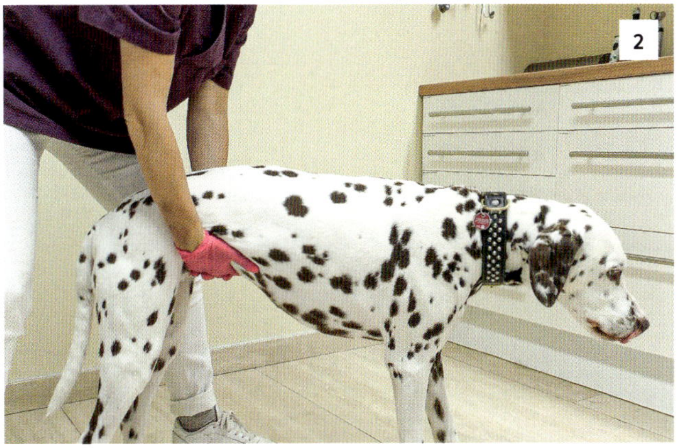

2

Hilft Ihnen eine zweite Person, können Sie Ober- und Unterkiefer jeweils mit einer Hand fassen und offen halten.

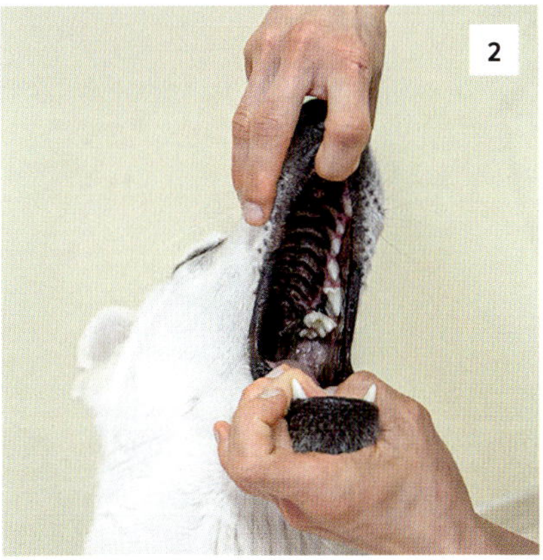

2

▶ FILM:
Würgereflex auslösen

http://mein.mueller-rueschlikon.de/42126/01.php

Foto: Markus Volk – stock.adobe.com

Riesenbärenklau (Herkuleskraut) kann durch Kontaktgifte Atemnot auslösen, achten Sie besonders bei Spaziergängen am Wasser darauf, dass der Hund nicht in die Nähe kommt.

> Ist keine physische Beeinträchtigung zu sehen, gehen Sie zum Tierarzt! Es kann auch eine allergische Reaktion vorliegen, weil beispielsweise ein Insekt gestochen hat.

Nasenbluten stillen

Ebenfalls zu Atemnot kann Nasenbluten führen, da herauslaufendes Blut die Atmung stört.

- **Nasenbluten** ist immer dann ein Fall für den Tierarzt, wenn das Blut förmlich aus der Nase schießt oder **nach 15 Minuten** noch nicht aufgehört hat.
- Als Sofortmaßnahme bei geringfügigem Nasenbluten können Sie ein **Kühlkissen** oder auch Eiswürfel in einem Beutel in ein Tuch einwickeln und dem Hund **auf den Nasenrücken** legen. (Sie müssen es wahrscheinlich festhalten und den Hund dazu bringen, ruhig zu liegen oder zu sitzen.)

! **Achtung:** Wenn kurzzeitiges Nasenbluten häufiger auftritt, sollten Sie ebenfalls zum Tierarzt!

Auch **allergische Reaktionen** können zu Atemnot führen – beispielsweise, wenn der Hund nach Insektenstichen nach Luft japst, eine giftige Substanz beim Streifen durchs Gebüsch eingeatmet hat oder diese durch Haut und Schleimhäute aufgenommen wird. Suchen Sie den Tierarzt auf – eine Eigenmedikation kann die Untersuchung nicht ersetzen.

Lektion 7: Durchfall und Erbrechen

Ganz klar, wer einen Hund hat, kommt nur in den seltensten Fällen um das Thema Durchfall herum. Junge Hunde sind häufiger betroffen, nicht jeder Durchfall hat einen dramatischen medizinischen Hintergrund. Dennoch sollten wir das nicht auf die leichte Schulter nehmen. Auch Erbrechen ist ein häufiger Begleiter, wobei als Ursache nicht immer ein und dasselbe zugrunde liegen muss.

Zum einen können Vergiftungen dahinterstecken, aber auch Unverträglichkeiten oder Wurmbefall und ein paar weitere Auslöser. Gerade bei jungen Hunden sind Parasiten häufiger Auslöser für Durchfall, selbst, wenn man auf Hygiene beim Füttern achtet. Bevor Sie mit dem Tier zur Praxis gehen, prüfen Sie den körperlichen Zustand und legen Sie dabei ein besonderes Augenmerk auf die Dehydrierung.

Dehydrierung prüfen

Durchfall ist meist eine eindeutige Sache – und kann schnell zu Dehydrierung führen. Darunter versteht man einen Flüssigkeitsverlust im Körpergewebe. Besonders Hundewelpen und Junghunde sind schneller dehydriert, wenn sie häufiger oder sogar mehrmals am Tag Durchfall haben.

So prüfen Sie den Wasserhaushalt Ihres Hundes:

- Nehmen Sie **eine Hautfalte im mittleren Rückenbereich** bzw. am Brustkorb des Hundes zwischen Ihre Finger. (Tipp: Nicht am Hals, da ist die Haut zu locker.)
- Ziehen Sie die Hautfalte nach oben und lassen Sie sie wieder los.
- **Glättet sich die Falte** sofort wieder, ist der Wasserhaushalt in Ordnung.
- **Bleibt die Falte stehen** und geht erst langsam wieder in die Ausgangsposition zurück, ist der Hund dehydriert.
- Geben Sie ihm Wasser zu trinken, nötigenfalls flößen Sie es ihm in kleinen Schlucken ein. Sinnvoll kann es auch sein, ein elektrolythaltiges Wasser zu geben – falls der Hund apathisch oder sehr langsam reagiert und durch mehrfachen Kotabsatz deutlich geschwächt wirkt.

▶ **TIPP:** Und natürlich auf jeden Fall: Gehen Sie zum Tierarzt, um die Ursache abzuklären und gegen den Durchfall vorzugehen. Kurzzeitiges Fasten, um den Darm nicht weiter zu belasten, ist möglich, bei jungen Hunde jedoch nicht ohne Rat durch den behandelnden Tiermediziner.

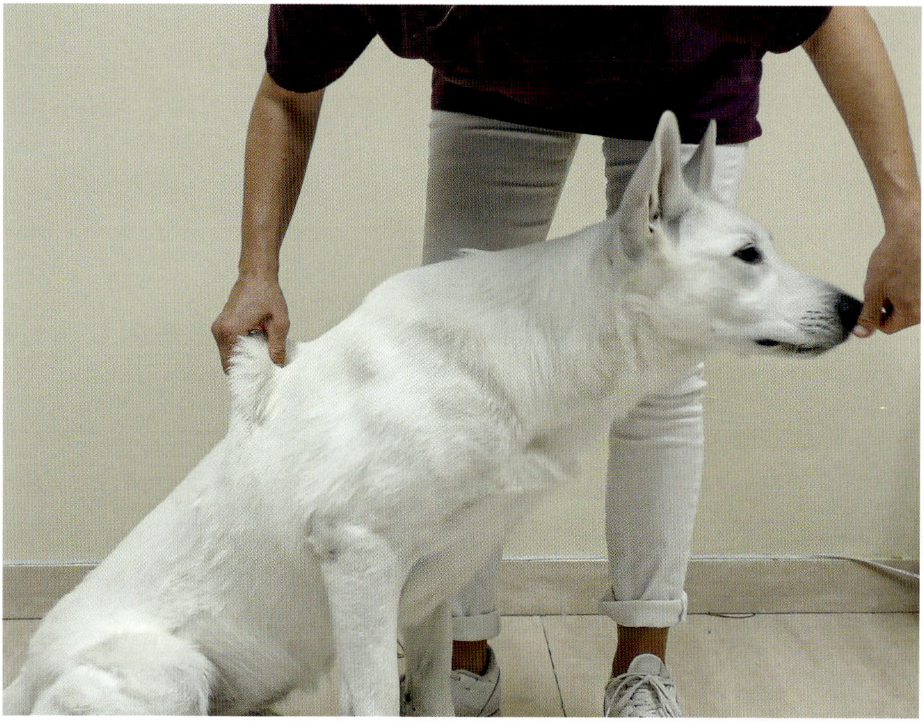

Wenn der Hund mehrfach Durchfall hat, sollte unbedingt geprüft werden, ob eine Dehydrierung vorliegt. Eine Hautfalte am Rücken oder an den Rippen gibt darüber Aufschluss. Gegriffen und wieder losgelassen sollte sie sich in meist weniger als einer Sekunde geglättet haben.

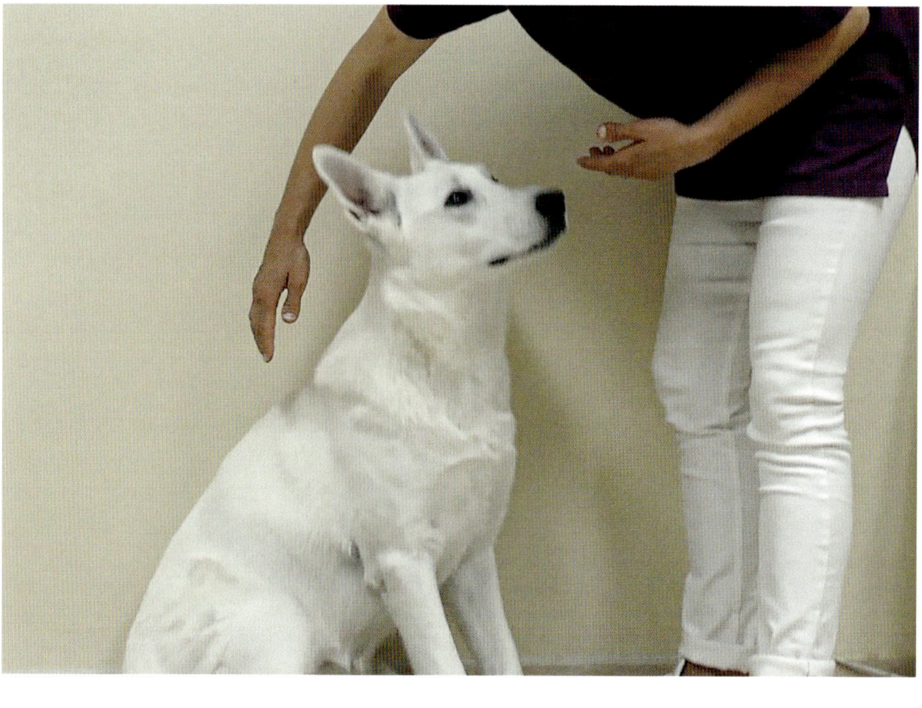

Wichtige Punkte, die in der Tierarztpraxis abgefragt werden, können Sie schon vorab für sich beantworten:

- Wann und wie oft hatte der Hund akut Durchfall?
- Gab es Futterwechsel, andere Leckerlis etc.?
- Kann der Hund etwas „Falsches" gefressen haben? (draußen, unbeobachtet?)
- Wann wurde der Hund letztmals entwurmt?
- Sind andere Hunde (aus dem Umfeld) erkrankt?

Kotprobe nehmen

Denken Sie daran, eine **Kotprobe einzusammeln,** die untersucht werden kann – insbesondere, wenn Sie sich nicht sicher sind, woher der Durchfall kommen kann. Die handelsüblichen Tests für Wurmbefall können Ihnen zwar einen Hinweis geben, es ist jedoch ratsam, die Kotprobe durch ein Labor untersuchen zu lassen und daher in die Tierarztpraxis mitzunehmen.

Neben den zuvor genannten Auslösern können natürlich auch Infektionen zu Durchfall führen – hier sollten Sie abklären, ob das Tier erhöhte Temperatur hat, andere Anzeichen von Erkrankung zeigt wie beispielsweise Niesen oder Husten etc.

! **Achtung:** Auch übermäßiges Trinken führt zu Durchfall – ebenso wie zu viel gefressener Schnee, je nach Jahreszeit. Bei zu viel Durst sollten Sie unbedingt abklären lassen, ob es organische Ursachen dafür gibt. Warten Sie nicht zu lange mit dem Tierarztbesuch.

In Gebieten, in denen die Gewässer mit Blaualgen belastet sein können, sollten Sie darauf achten, dass der Hund das Wasser nicht trinkt bzw. im Idealfall nicht betritt. Sollte es doch passieren, droht nicht nur Durchfall, sondern kann es, wie bei anderen Vergiftungen auch, zu schwerwiegenden Problemen kommen.

Suchen Sie bei **einem Verdacht auf Vergiftung daher sofort eine tierärztliche Praxis auf!**

Erbrechen behandeln

Hat ein Hund etwas für ihn Unverträgliches gefressen, kann das bei ihm ebenso wie beim Menschen zu Würgen und Erbrechen führen. In der Regel ist das ein sehr

Spuckt der Hund schaumig, heißt es doppelte Kontrolle: Es kann auch eine Vergiftung dahinter stecken!

Aufsammeln und mit zum Tierarzt nehmen lautet die Devise bei Durchfall und Erbrochenem. Selbst, wenn der Beutel nicht ganz steril ist, kann bei einer Untersuchung festgestellt werden, ob sich Giftstoffe oder Erreger darin befinden, die zu Durchfall oder Erbrechen geführt haben.

gesunder Prozess, schließlich wird Problematisches so schnell wieder aus dem Körper herausbefördert. Damit kommt es erst gar nicht in den Verdauungstrakt und schadet nicht weiter. Doch manchmal können wir im Erbrochenen keine direkten Verursacher entdecken. Offensichtliche Gründe für Erbrechen sind: zu hastiges Fressen (Verschlingen) des Futters, gefressenes Gras oder psychische Belastungen wie Stress, Autofahren oder Ähnliches. Ein Hinweis auf **Vergiftungen** durch Giftköder oder Putzmittel beispielsweise ist nicht immer so leicht im Erbrochenen zu sehen. Von daher heißt es Vorsicht! Andere Ursachen, wie eine entzündete Bauchspeicheldrüse oder Irritationen des Magen-Darm-Traktes oder auch eine Infektionserkrankung, die durch Parasiten, Viren oder Bakterien verursacht wird, können wir ebenfalls als Laien nicht sofort erkennen.

▶ **TIPP:** Bei allen undefinierten Ursachen lautet die wichtigste Regel: Erbrochenes einsammeln und ab zur Tierarztpraxis. Bei einem begründeten Verdacht auf eine Vergiftung kann Aktivkohle als Erste-Hilfe-Maßnahme vor Ort gegeben werden (siehe Lektion 17 Vergiftungen).

Hindern Sie den Hund daran, Erbrochenes wieder aufzunehmen. Ihr erster Blick sollte dann in jedem Fall dem Erbrochenen gelten:

- Ist es mit **Futterresten, Gras, Stoff- oder anderen Geweberesten** versetzt? Dann können Sie abklären, ob einer der offensichtlichen Gründe dazu geführt hat, dass Ihr Hund würgen musste.
- Ist (zusätzlich) **Blut im Erbrochenen**? Dann kann das auf innere Verletzungen durch geschluckte Gegenstände hinweisen oder auch auf schwerwiegendere Erkrankungen sowie auf Vergiftungswirkungen. Lassen Sie keine Zeit verstreichen und gehen mit dem Tier zur Praxis, um das abklären zu lassen.
- Hat der Hund **Temperatur** (siehe Kapitel Hitzschlag)?
- Hat er zusätzlich einen **aufgeblähten, tonnenförmigen Bauch,** der beim Abtasten sehr **schmerzhaft** ist, eine hohe Atemfrequenz und niedrigen Puls? Dann ist das Risiko einer **Magendrehung** als Ursache, gerade bei großen Hunden, hoch. Suchen Sie sofort den Tierarzt auf!

Maßnahmen bei einmaligem Erbrechen mit ersichtlichem Grund

- Kommt der Hund nach dem Hervorwürgen harmloser Reste oder „Galle“ ohne Blutbeimischungen zur Ruhe, verhält sich normal und zeigt vielleicht sogar Durst, ist das ein gutes Zeichen – insbesondere, wenn das Erbrechen einmalig bleibt. Geben Sie ihm die nächsten Stunden (bis zu einem Tag) kein Futter, um den Magen nicht erneut zu reizen.
- **Trinken sollte der Hund** in kleinen Portionen natürlich **dürfen.** Ist das Würgen durch Autofahren gekommen und der Hund noch jung, sollten Sie nicht ganz so streng sein und dürfen ihm nach ein paar Stunden auch wieder leichte Kost geben.

Bei allen Auffälligkeiten sollten Sie abklären lassen, ob doch andere Ursachen hinter dem Würgen stecken.

Lektion 8: Augenkontrolle

Im Normalfall gehen wir davon aus, dass die Augen unseres Hundes in Ordnung sind und wir ihnen keine weitere Beachtung schenken müssen. Je nach Hund kann es aber sein, dass eine Bindegewebsschwäche oder die Form und Lage des Auges öfter zu Problemen führen können. Auch bei Raufereien oder Zusammenstößen kann das Auge in Mitleidenschaft gezogen werden. Um für solche Situationen gewappnet zu sein, lohnt es sich, ebenso wie für den Tierarztbesuch, die Augenkontrolle im Rahmen eines **Medical Trainings** gelegentlich zu üben.

Wenn das Auge tränt, der Hund es zusammenkneift oder versucht, sich ständig über die Augen zu reiben –ist oft **ein Fremdkörper** schuld. Manche sind für uns leicht zu sehen – ein Grashalm beispielsweise, der sich auf den Augapfel gelegt hat – manche wiederum nicht. Wir sollten, bevor es zu Tierarzt geht, selber einen Blick darauf werfen. Bedenken Sie, dass bei Hunden mit vorstehenden

Beim Blick ins Auge achten Sie darauf, die Lidfalten mit zu kontrollieren.

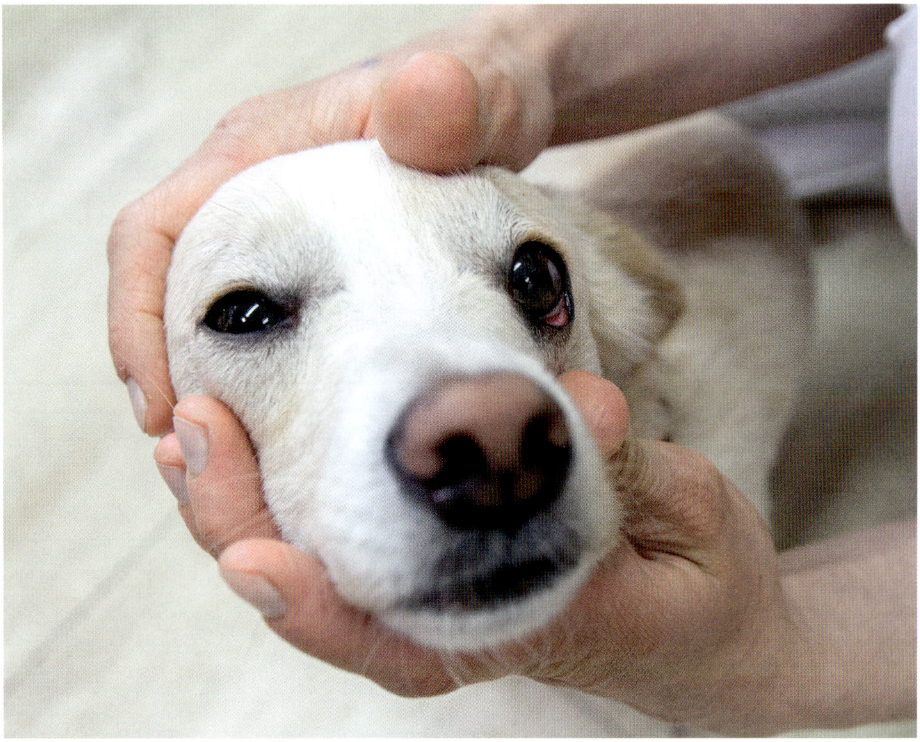

Augäpfeln die Kontrolle deutlich mehr Risiken birgt – und gehen Sie gleich in eine tierärztliche Praxis.

Zeit ist bei allen Augenverletzungen ein wichtiger Faktor. Überstürzen Sie nichts, aber versuchen Sie, so schnell als möglich, tierärztliche Hilfe zu bekommen. Je mehr und je länger das Auge in Mitleidenschaft und unversorgt ist, umso mehr schlägt sich dies auf den Sehnerv und kann irreparable Schäden verursachen.

Insbesondere, wenn Sie einen Fremdkörper oder eine Verletzung vermuten oder der Tränenfluss verstärkt ist, sollten Sie umgehend handeln und zum Tierarzt gehen.

▶ **TIPP:** Auch bei zu **trockenen Augen** erhalten Sie dort Hilfe. Eventuell lohnt es sich für Sie, eine auf Hundeaugen abgestimmte **Kochsalzlösung** bereitzuhalten, mit der ein Benetzen bzw. vorsichtiges Spülen möglich ist. Die Mischung und Handgriffe sollten Sie sich von Tierärzten zeigen lassen.

Wenn das Auge allerdings zu eitern beginnt, erübrigt sich die Selbstuntersuchung und der Gang zum Tierarzt ist überfällig.

Augen kontrollieren

Grundsätzlich können Sie wie folgt selbst einen Blick ins Auge werfen und Ursachen für die Beeinträchtigung suchen:

- Ziehen Sie sich wenn möglich sterile Handschuhe über, um keine weiteren Verunreinigungen zu verursachen und fassen Sie den Hund am Kopf.
- Öffnen Sie das Auge **mithilfe von zwei Fingern** oberhalb und unterhalb des Augapfels und ziehen Sie die Haut etwas vom Augenkörper weg.
- Nun können Sie **in die Lidtaschen blicken**.

Finden Sie einen Störkörper, sehen Sie bitte davon ab, diesen selbst herauszuholen. Versuchen Sie jedoch, festzustellen, ob er den Augapfel tatsächlich verletzt hat und ggf. sogar darin feststeckt – oder ob er nur in der Lidtasche verklemmt ist. Grashalme, Grannen, Samen – alles kann durch Widerhaken, scharfe Kanten oder raue Oberflächen zu Verletzungen der Hornhaut führen, wenn Sie es herausziehen.

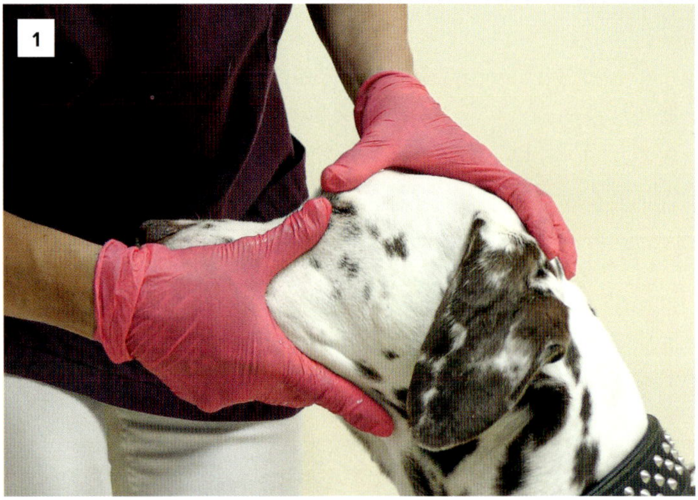

Wenn vorhanden, ziehen Sie Einmalhandschuhe an. Damit verhindern Sie unter anderem auch, dass Sie Erreger weitertragen (bei Bindehautentzündungen zum Beispiel).

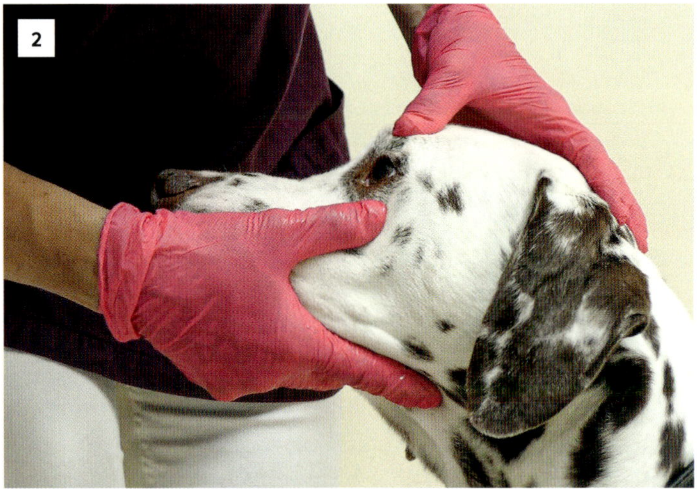

Versuchen Sie dann, die Augenlider vorsichtig auseinanderzuschieben und dabei die Lidtaschen etwas abzuheben vom Augapfel.

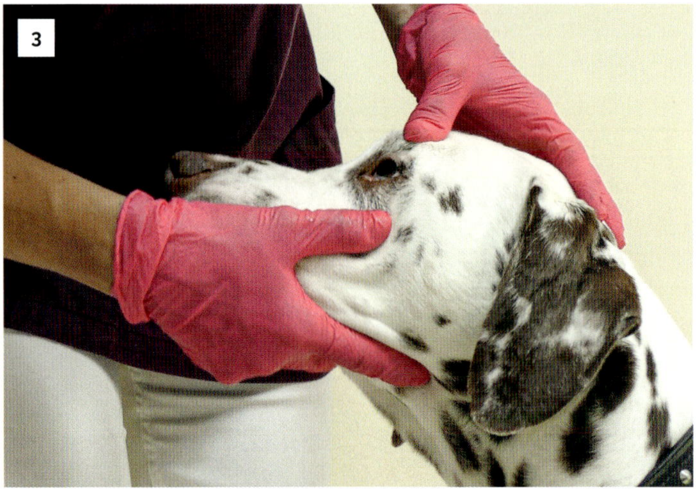

Auch das sanfte nach unten bzw. oben Ziehen der Lider ermöglicht, Fremdkörper oder Verletzungen am Augapfel zu erkennen.

> **Achtung:** Auch das Ausspülen mit Wasser ist nur in seltenen Fällen ratsam – es reizt die Augen zusätzlich. Außerdem ist nicht gewährleistet, dass der Fremdkörper tatsächlich herausgespült wird. Er kann stattdessen noch tiefer in die Augenhöhle getrieben werden.

Gehen Sie zum Tierarzt.

Verletzungen am Augenlid/Augapfel

Bei äußerlichen **Verletzungen des Augenlids** oder gar einer Verletzung des Augapfels sind Sie in der Regel vor Ort nicht zur sofortigen weitergehenden Hilfe in der Lage. Zum einen, weil es den Hund schmerzt und er Sie nicht an seine Augen lassen wird – zum anderen, da eine (blutende) Verletzung nicht mit einer Kompresse oder einem Verband einfach so gestillt werden kann, ohne das Augenlicht zu gefährden. In wenigen Fällen, wenn nur das äußere Lid betroffen ist, kann **ein Druckverband** sinnvoll sein. Im Zweifelsfall überlassen Sie diese Entscheidung dem Tierarzt, sofern Sie zügig eine Praxis aufsuchen oder tierärztliche Hilfe holen können.

Vermeiden Sie beim Transport unnötige Berührungen der Augenpartie – sowohl durch Sie selbst als auch den Hund. Bei starkem Bluten fangen Sie das Blut durch eine locker gehaltene Kompresse auf – aber kleben Sie das Auge nicht zu. Vermeiden Sie überhaupt das Abdecken. Kleben Sie gegebenenfalls die Daumen- und Wolfskrallen ab, wenn Sie nicht verhindern können, dass der Hund sich beim Transport über seine Schnauze fährt und dabei das Auge berühren könnte.

Augapfelvorfall – was nun?

Bei Rassen, bei denen der Augapfel weit vorne liegt und vor bzw. aus der Augenhöhle fallen kann, sollten Sie bei einem Unfall unbedingt kontrollieren, ob der Hund seine Augen schließen und Sie mit Blicken verfolgen kann. Bringen Sie das Tier mithilfe einer zweiten Person möglichst umgehend zu einer tierärztlichen Praxis – und informieren Sie diese, insbesondere auch, wenn ein **Augapfelvorfall** vorliegt. Ist es tatsächlich dazu gekommen, dass der Augapfel nicht mehr von den drei Lidern, die ein Hund hat, in der Augenhöhle gehalten wird, heißt es schnell sein.

- Ziehen Sie Einmalhandschuhe an. Legen Sie dem Hund **eine Maulschlaufe** an. Bitten Sie eine zweite Person um Hilfe, um den Hund zu halten.

- Versuchen Sie, die **Augenlider über den vorgedrückten Augapfel** zu ziehen. Dabei sind die Nickhäute von unten und das innere Augenlid diejenigen, die Sie möglichst vorsichtig erwischen und über das Auge ziehen sollten. Drücken Sie während dieses Versuchs mit einem feuchten Tuch (idealerweise mit Kochsalzlösung in der richtigen Verdünnung, sonst auch mit klarem Wasser getränkt – KEINE destillierte oder Desinfektionsflüssigkeit) den **Augapfel vorsichtig zurück in die Augenhöhle**.

- Lassen Sie es sich ggf. bei einem Tierarztbesuch vorab einmal zeigen, um für den Notfall zu wissen, wie Sie das bei Ihrem Hund machen können.

Suchen Sie so schnell wie möglich eine Tierarztpraxis auf.

▶ **TIPP:** Wie bei allen Verletzungen, die Hunden Schmerzen bereiten können, sollten Sie sich nicht scheuen, **eine Maulschlaufe** anzulegen. Ein Maulkorb ist aufgrund des über die Nase und Stirnpartie gehenden Bügels nicht zu empfehlen. Er könnte beim Liegen Druck ausüben oder das verletzte Auge berühren. Transportieren Sie das Tier auf der unverletzten Seite liegend. Versuchen Sie, es zu stabilisieren und möglichst ruhig zu halten.

▶ ERSTE-HILFE-UTENSILIEN

Für Hilfe bei Augenlidverletzung/Augapfelvorfall brauchen Sie:

> **Kochsalzlösung** (für Hunde!) zum Ausspülen/ Zurückdrücken des Augapfels

> **Tupfer und Mullbinde**, wenn ein Druckverband möglich/sinnvoll ist

Lektion 9: Fremdkörper im Maul

Seltener, aber dennoch unangenehm für Hund und Mensch, muss ein Fremdkörper aus dem Maul entfernt werden. Sei es beim Anknabbern von Holz, beim Zerfetzen von Plastik oder Plüsch – gelegentlich bleibt dem Hund etwas im Fang stecken oder auch im Rachen.

Spätestens ein Würgen, Keuchen oder deutliches Reiben der Schnauze machen uns darauf aufmerksam. Auch ein extremes Schlucken mit starker Kopfbewegung und Nackenkrümmen können darauf hindeuten, dass der Hund etwas aufgenommen hat, das er nicht einfach abschlucken kann.

Eine Maulkontrolle ist als Übung auch für normale Tierarztbesuche immer ein gutes Training.

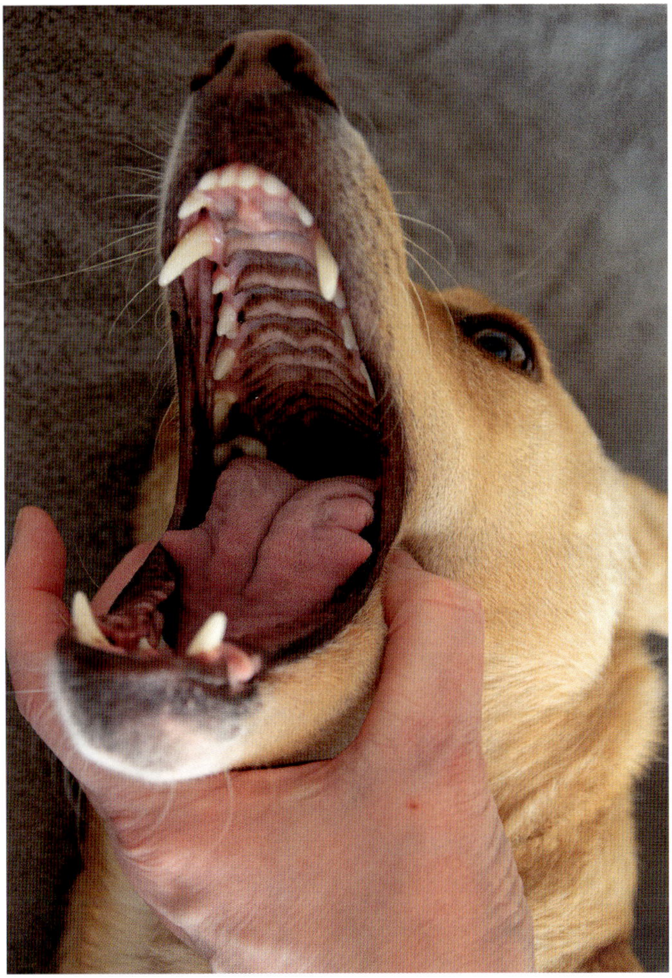

Solange wir das Gefühl haben, es ist noch nicht im Hals verschwunden, können wir selbst eingreifen. Dann heißt es: beherzt sein und zupacken – am besten mithilfe einer zweiten Person – und Nachsehen im Fang.

▶ **TIPP:** Bei **Insektenstichen im Maul** und Rachen oder Anzeichen von **Atemnot** finden Sie die Erste-Hilfe-Maßnahmen in der **Lektion 6 zu Atemnot.**

Hund sichern und Hände frei

Auch, wenn gerade niemand da ist, um Ihnen zu helfen, ist es möglich, das Maul zu öffnen und offen zu halten. Sie sollten allerdings den Hund sichern können. Das passiert, indem Sie ihn **mit der Leine festmachen und anbinden** an einem stabilen Gegenstand wie einem Pfosten oder Metalltor. Wichtig ist, dass Sie dadurch die Hände frei haben.

Sollte das nicht gegeben sein, dann legen Sie die Leine notfalls um Ihren Körper und nehmen den Hund **zwischen die eigenen Beine**. Nachteil dabei: Sie stehen quasi über ihm und müssen von oben ins Maul sehen.

Andererseits haben Sie so die Kontrolle über den Hundekörper und können diesen besser an einer Stelle behalten. Achtung: Größere Hunde haben naturbedingt mehr Kraft dafür, Sie mit Ausweichbewegungen aus dem Gleichgewicht zu bringen. Am besten üben Sie dieses „Einklemmen" zwischen Ihren Beinen gelegentlich ohne sonstigen Zwang. So gewöhnt sich nicht nur Ihr Hund daran, sondern Sie gewinnen auch an Routine.

Maul öffnen und Fremdkörper beseitigen

Haben Sie den Hund gesichert, können Sie die Kontrolle und das Entfernen möglicher Fremdkörper in Angriff nehmen.

- Sollten Sie Einmalhandschuhe greifbar haben, legen Sie diese an – aber im Zweifel ist schnelle Hilfe wichtiger als Keimschutz.
- Öffnen Sie wie zur Zahnkontrolle den Fang mit einer Hand von oben über den Nasenrücken greifend. Drücken Sie dabei **die Lefzen** im hinteren Bereich **leicht zwischen die Zahnreihen**. Die andere Hand öffnet den Fang

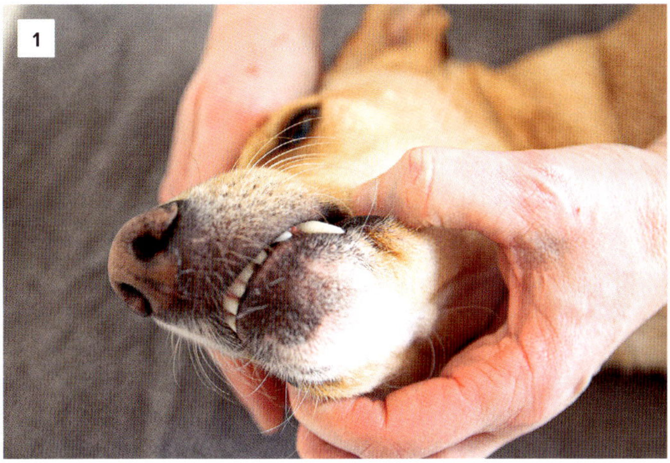

Sind Sie alleine, legen Sie Ihre Finger hinten so ins Maul, dass die Lefzen zwischen Zahn und Ihrem Finger klemmen.

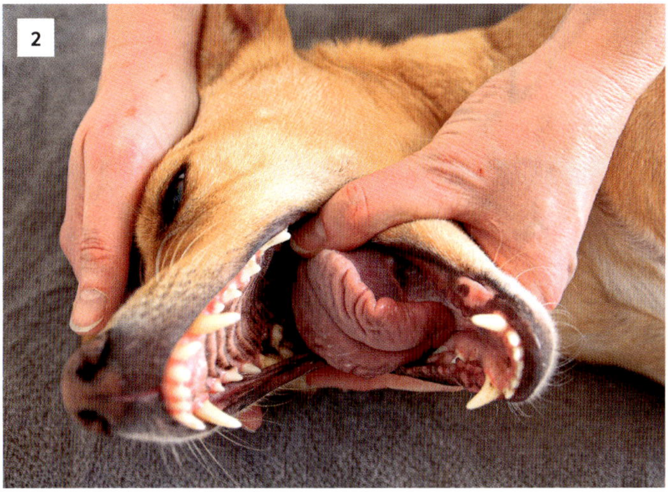

Drücken Sie nun Ihre Finger zwischen die Kiefer, so dass der Hund sein Maul öffnen muss und die Haut eingeklemmt wird.

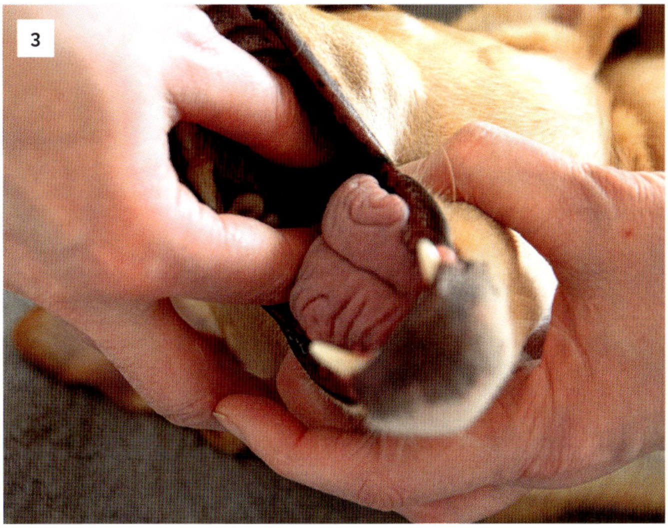

Mit der zweiten Hand kann vorsichtig etwas aus dem Rachen geholt werden.

nach unten, wenn der Spalt nicht groß genug wird. Greifen Sie dafür den **Unterkiefer im Bereich der Schneidezähne** und ziehen ihn sanft **nach unten.**

- Untersuchen Sie die Mundhöhle und sehen Sie bis in den Rachen. Entdecken Sie den Fremdkörper im Maul, sollten Sie versuchen, diesen zu entfernen. Sind Sie zu zweit, kann die helfende Person nun in den Fang greifen und den Fremdkörper vorsichtig herausholen.

- Hat der Fremdkörper sich zwischen den Zähnen verklemmt, können die Schleimhäute verletzt sein oder werden. Blutet der Hund bereits, sollten Sie einen Notruf tätigen und den Hund per telefonischer Anleitung durch einen Tierarzt versorgen – oder direkt zur Tierklinik bringen.

!

Achtung: Steckt der Fremdkörper nicht (mehr) im Maulbereich, oder sehen Sie gar keine Fremdkörper, so gehen Sie wie unter Erste-Hilfe-Maßnahmen bei Atemnot geschildert vor.

Häufiger verschlucken unsere Hunde sich auch einmal an **Gräsern** und **Halmen,** die sie unterwegs abgebissen und zu groß beziehungsweise zu lang verschluckt haben. Sie würgen und röcheln – aber können sie nicht wieder selbst hervorwürgen. Sehen Sie Enden von Gräsern oder Stängeln, seien Sie vorsichtig und ziehen diese nicht mit Gewalt heraus: Diese können **scharfe Kanten** haben und damit die **Schleimhäute verletzen**. Kann der Hund nicht aus eigener Kraft und mit Speichel und Schleim die Blockade lösen, sollten Sie eine tierärztliche Praxis aufsuchen und sich helfen lassen.

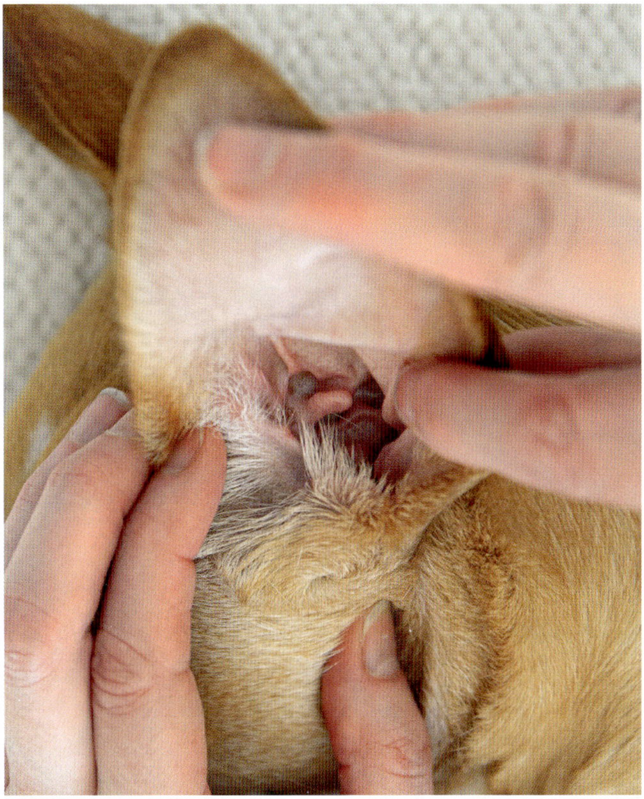

Ist das Ohr gesund, sehen Sie keinen Ohrenschmalz im Außenohr. Die Durchblutung ist gut, wenn die Haut leicht rosig schimmert. Das Ohr kann etwas kühler wirken als der restliche Körper.

Lektion 10: Ohrenkontrolle und -verband

Bei dem einen sind es Schlappohren, beim anderen Stehohren, beim einen groß, beim anderen klein, mit Knick, hoch angesetzt, viel oder wenig behaart – Ohren sind sehr individuell. Entsprechend unterschiedlich leicht, schwer oder kompliziert ist die Kontrolle. So fällt uns in der Regel erst auf, dass etwas nicht stimmt, wenn wir es am Verhalten merken. Oder aber wir riechen es, was allerdings eher in Verbindung mit anderen Auffälligkeiten einhergeht. Dann aber ist es allerhöchste Zeit, das Ohr zu kontrollieren. Hunde mit langen Haaren und Schlappohren neigen eher zu Infektionen – also zu Entzündungen, da das Ohr schlechter belüftet ist.

Wenn der Hund mit den Ohren schlackert, den Kopf einseitig neigt und schief hält, oder versucht, sich häufig am Ohr zu kratzen, kann das an einer Ohrenentzündung oder einem Fremdkörper im Ohr liegen. Häufig können beispielsweise Grannen ins Ohr gelangt sein. Auch Gleichgewichtsstörungen, die zu einem schwankenden Gang führen, können durch Erkrankungen der Ohren verursacht sein.

Regelmäßige Kontrolle hilft, frühzeitig auf solche Beeinträchtigungen aufmerksam zu werden und etwas dagegen unternehmen zu können. Natürlich haben wir zuhause kein professionelles Otoskop zur Hand, mit dem Tierärzte in die Ohren blicken. Doch auch unsere Tast-, Riech- und Wisch-Kontrollen helfen, erste Störungen zu entdecken.

Äußerliche Ohrenkontrolle

Untersuchen Sie das Ohr zunächst äußerlich:

- Sehen Sie sowohl außen als auch innen am Ohr nach, dass **keine offene Verletzung** vorliegt.
- Tasten Sie das Ohr mit den Fingern ab – ist es warm, **wärmer als normalerweise** oder heiß?
- Prüfen Sie, **ob das Ohr „komisch riecht“**.
- Kommt **brauner Ohrenschmalz** aus dem Ohr?
- Ist das Ohr außerdem **geschwollen** und fühlt sich taub an – oder reagiert der Hund **empfindlich bei Berührung?**
- Treten **Schwellungen am Gehörgang** auf, die diesen unnatürlich verengen?

Nehmen Sie ein Mulltuch und schlagen es sich um einen Finger, mit dem Sie den äußeren Gehörgang auswischen (Sie können das Innenohr dabei nicht verletzen, dennoch sollten Sie bei Widerstand nicht dagegen drücken).

! **Achtung:** Nehmen Sie für diese Reinigung niemals ein Ohrenwattestäbchen, mit diesem können Sie tatsächlich das Ohr verletzen!

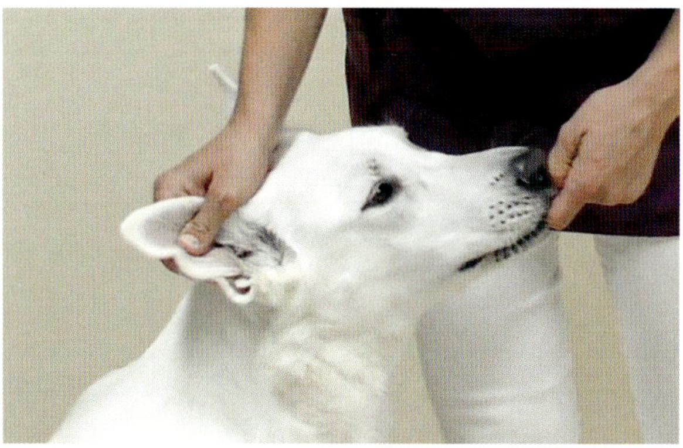

Kontrollieren Sie, ob das Ohr heiß oder geschwollen ist durch äußeres Abtasten mit der Hand. Werfen Sie einen Blick auf die Innenseite – es sollte gut, aber nicht blutrot durchblutet sein.

Wischen Sie mit einem sauberen Tuch die Ohrmuscheln ab – ist es sauber und riecht nichts, ist das Ohr in Ordnung.

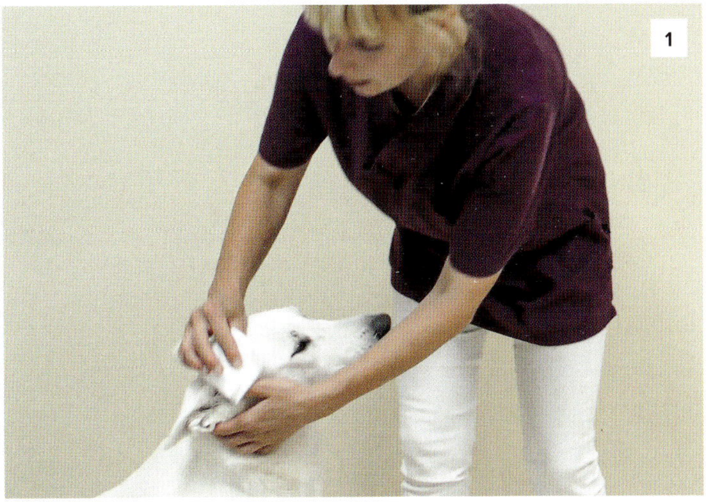

Versuchen Sie nicht, tiefer in das Ohr einzudringen, denn damit können Sie schlimmstenfalls nur einen Pfropfen ins Ohr drücken, statt Ohrenschmalz zu entfernen.

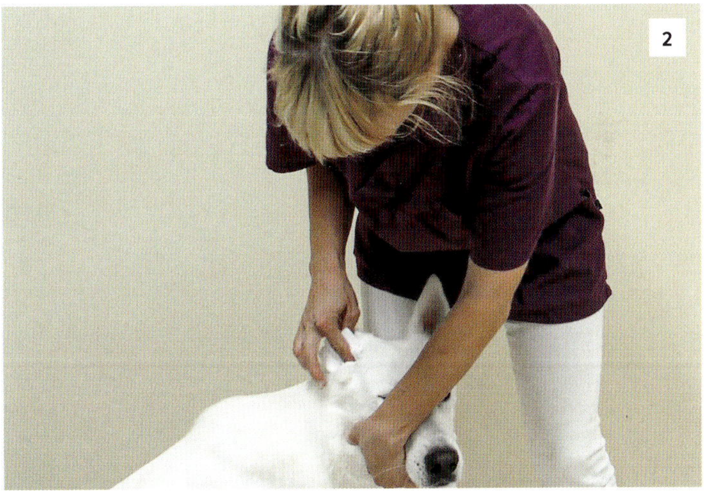

Bleibt das Tuch sauber, muss eine Ursache für Ohrenschlackern oder Kopf schief halten in anderen Erkrankungen gesucht werden.

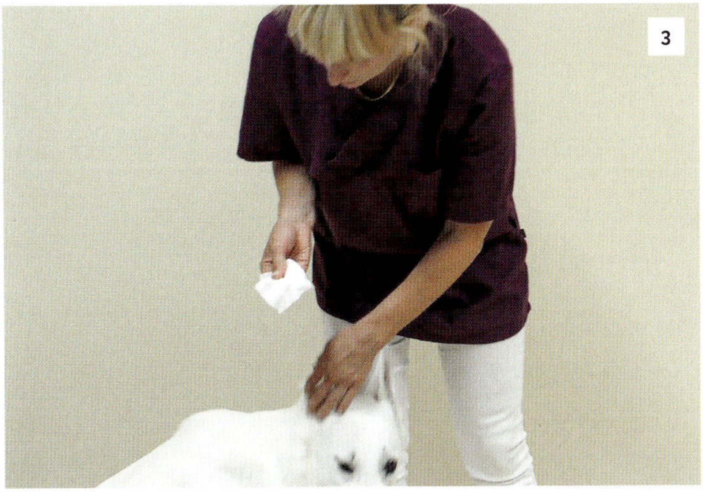

Alles das, auch einzeln, spricht für eine Entzündung oder einen Fremdkörper. Selbst, wenn wir es nicht sehen können (gerade bei Hängeohren oder behaarten Gehörgängen sehen wir oft die natürlich rosafarbene Haut weniger), haben wir eindeutige Hinweise damit erfasst.

▶ **TIPP:** Damit Sie tatsächlich einen Vergleich haben und den Normalzustand kennen, sollten Sie auch diese Kontrolle als Übung in Trainings einbauen, das geht sogar einfach vor dem Streicheln als Ritual beispielsweise.

Bei allen Anzeichen einer Entzündung, oder wenn Sie tatsächlich einen Fremdkörper im Ohr entdeckt haben, gehen Sie innerhalb der nächsten Stunden zum Tierarzt – bevor der Hund den Fremdkörper noch weiter in sein Ohr befördert!

Ohrverletzung behandeln

Hat der Hund sich hingegen am Ohr verletzt, beispielsweise durch einen Biss oder weil er hängengeblieben ist, sollten Sie zunächst versuchen, die Blutung zu stillen und einen provisorischen Ohrenverband anzulegen. Hunde **bluten an den Ohren relativ stark**.

- **Legen Sie einen Tupfer auf die offene Stelle** (meist ist diese am Ohrrand) und **kleben Sie** mit einem Pflaster oder Klebeband (Gaffa-Tape eignet sich kurzzeitig ebenso) einen Schutz **darüber.**
- **Schlagen Sie das Ohr so um**, dass Sie es auf bzw. **über dem Kopf mit Klebeband fixieren** können.
- Nehmen Sie dann einen Mullverband und wickeln Sie diesen um den Kopf. Gehen Sie dabei über beide Ohren hinweg, um **das Ohr großflächig und breit** zu **verbinden**. Wichtig dabei ist, dass der Hund es nicht wieder durch Kopfschütteln freibekommen kann.

! **Achtung:** Mit dem Verband soll keine Blutungsstillung erzeugt werden, versuchen Sie also nicht, einen Druckverband anzulegen – das könnte zu Durchblutungsproblemen des Kopfes führen! Er dient lediglich der sicheren Fixierung und dem Verhindern weiterer Verletzungen.

Dann können Sie mit dem Hund zum Tierarzt zur weiteren Versorgung fahren.

Umkleben Sie die Ohrverletzung, wenn diese am Ohrenrand ist, zum Blutstillen.

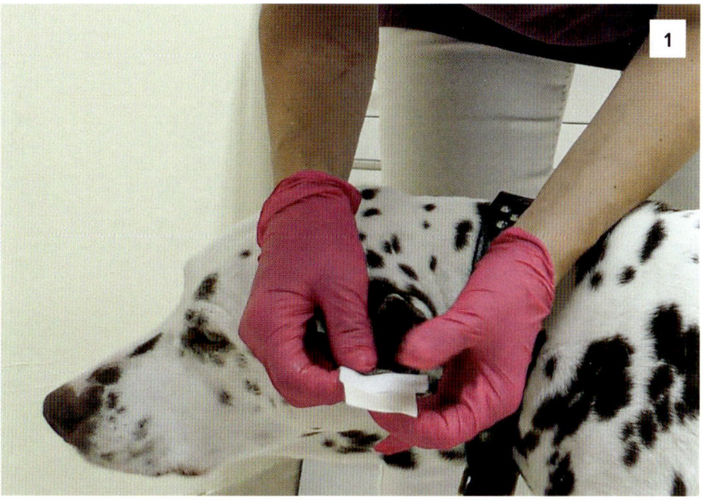

Das umgeklappte Ohr wird nun auf dem Kopf mit (Gaffa)Tape festgeklebt.

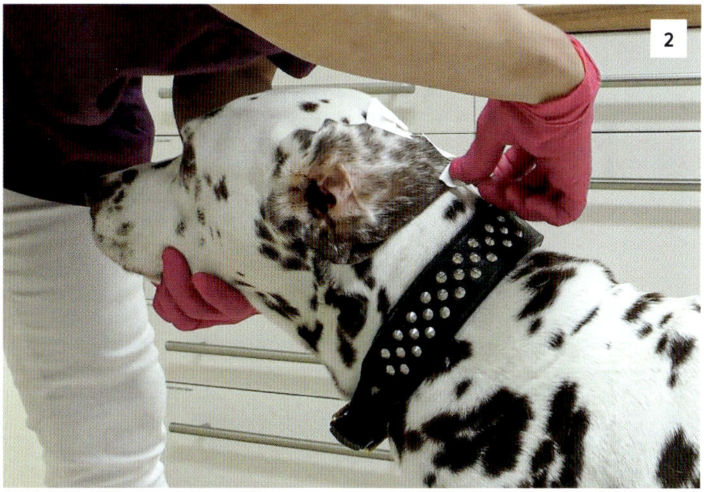

Fixieren Sie das Ohr an mehreren Stellen, damit es nicht wieder zurückfällt.

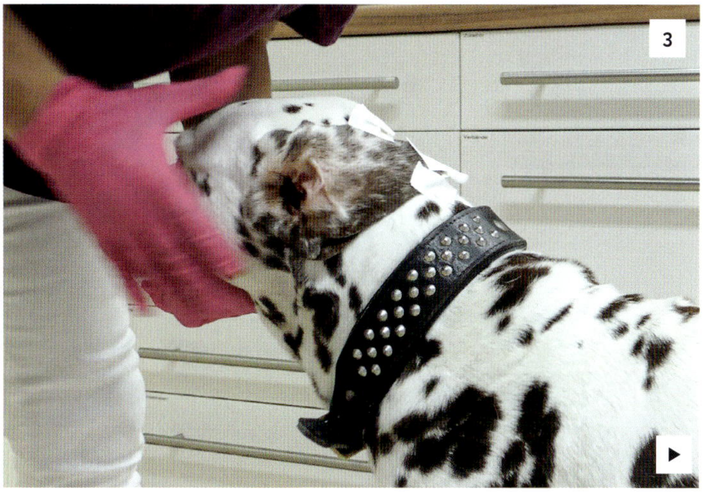

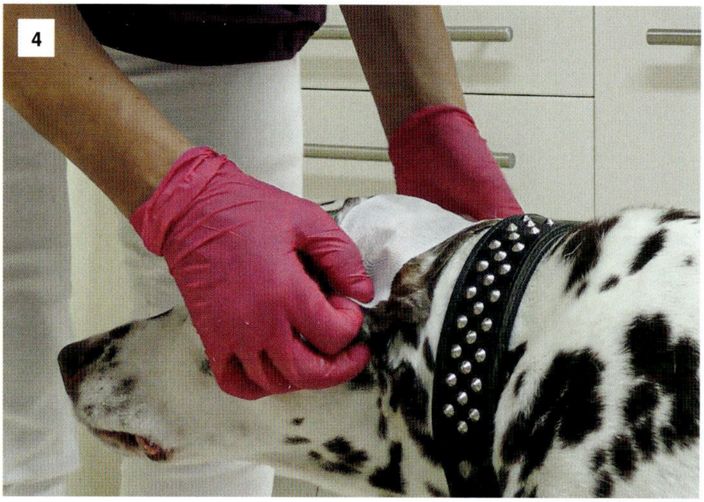

Nun wird ein Verband angelegt, der über die fixierte Stelle geht und das zweite Ohr mit umfasst. Bei Hunden mit Hängeohren ist dies schwieriger, aber dennoch unbedingt sinnvoll, damit der Hund nicht durch Kopfschütteln mit dem zweiten Ohr die Bandage wieder löst.

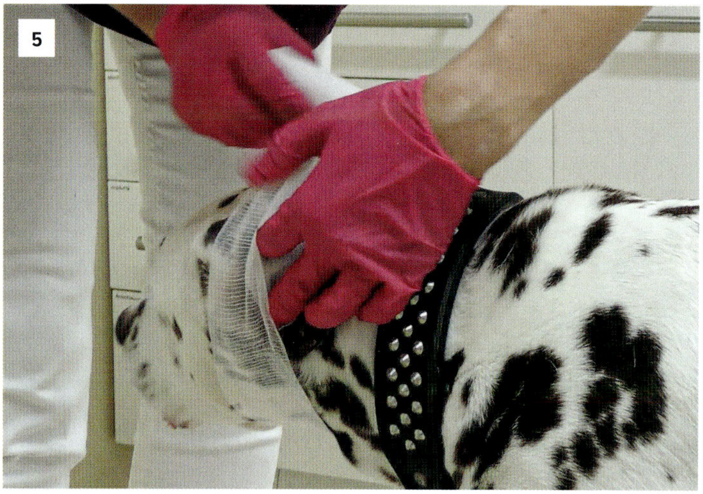

Achten Sie darauf, nicht zu fest zu bandagieren!

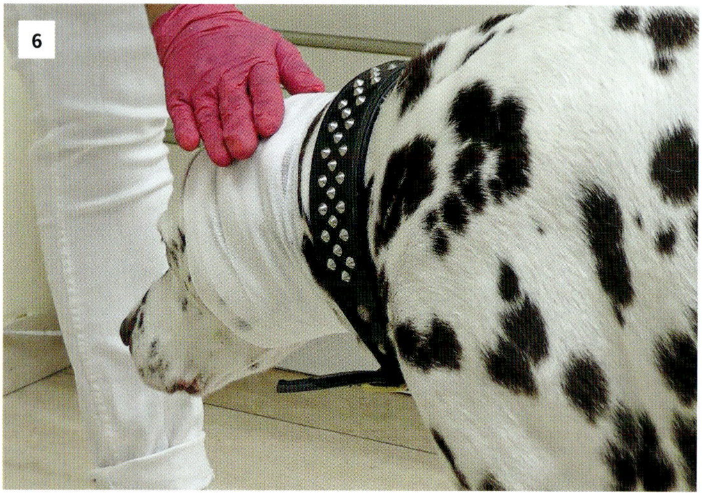

Ist der Verband in mehreren Lagen angelegt, können Sie den Hund zum Tierarzt bringen.

Lektion 11: Pfotenkontrolle und -verband

Ihr Hund läuft frei herum, spielt vielleicht oder ist einfach so unterwegs – und plötzlich hebt er seine Pfote oder humpelt. Das ist keine Seltenheit, und oft ist es nach einer kurzen Pause, zwei, drei Schritten, wieder weg. Doch was, wenn nicht? Dann kann er sich zwischen den Zehen etwas eingetreten oder auch winzige Schnitte in den Ballen oder eine schwerwiegendere Verletzung der Muskulatur, Bänder oder Knochen zugezogen haben. In jedem Fall ist eine Kontrolle der Pfote, die der Hund schont, angeraten. Je nachdem, was Sie entdecken, können Sie selbst helfen. Sollte es mehr als ein Fremdkörper zwischen den Zehen sein, können Sie zur Überbrückung bis zum Tierarzttermin eine Erstmaßnahme durchführen – oder müssen schnellstens den Transport zur tierärztlichen Praxis organisieren.

Pfotenkontrolle

Eine erste Sicht- und Tastkontrolle können Sie vor Ort selbst durchführen:

- Sehen Sie sowohl auf den Zehen als auch in den Zehenzwischenräumen nach, ob **eine offene Verletzung** vorliegt. Fahren Sie gegebenenfalls mit den Fingern die Zwischenräume ab, um unter dem Fell liegende Wunden oder in der Falte

Seitlich neben dem Hund stehend, lassen sich die Pfoten nach hinten hochheben und die Ballen kontrollieren.

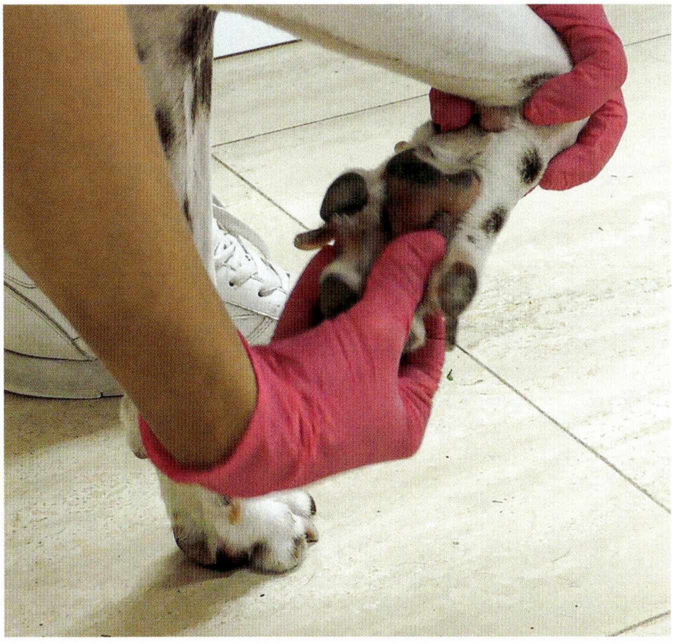

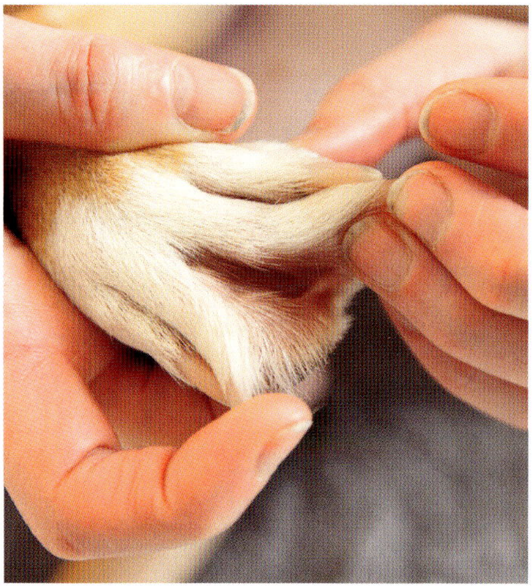

Pfoten sollten nicht nur auf, sondern auch zwischen den Zehen auf Fremdkörper oder Verletzungen untersucht werden.

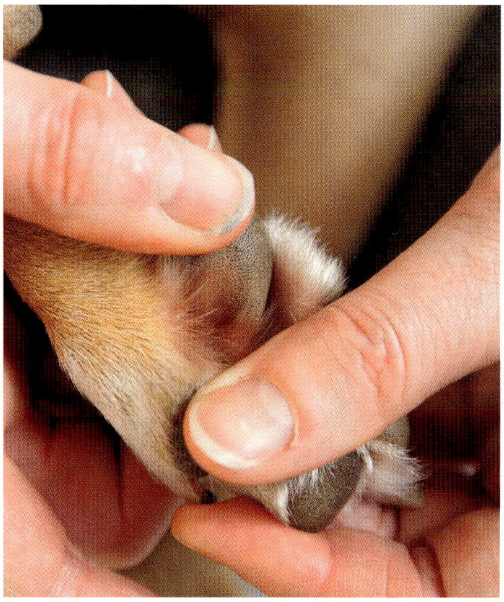

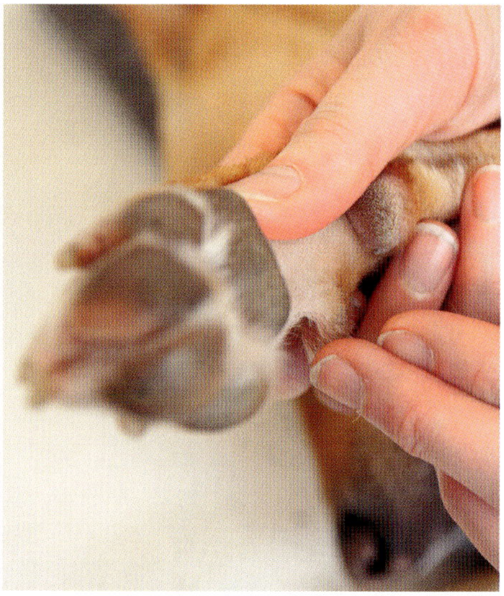

Vergessen Sie nicht die Daumen- und Wolfskrallen, auch hier kann es Risse geben

oder Haut steckende Fremdkörper zu ertasten, wenn die Pfoten sehr behaart sind. Ist nichts zu finden, geht es an die Unterseite.

- Um die Lauffläche zu kontrollieren, stellen Sie sich entgegen der Blickrichtung des Hundes neben ihn und heben **die Pfote hoch**. Achten Sie darauf, das Bein nicht seitlich auszudrehen, sondern lediglich die Pfote im Gelenk nach hinten abzuwinkeln, sodass Sie die Unterseite und auch die Ballenzwischenräume sehen können.

TIPP: Lassen Sie jemanden den Hund ablenken, damit Sie auch die Zwischenräume durch Fühlen prüfen können – der Hund wird sonst immer versuchen, die Pfote wegzuziehen. Aber auch hier gilt: Nicht jeder Störfaktor ist gleich zu sehen.

- Wenn **Dreck oder ein Fremdkörper zwischen den Zehen** steckt, wischen Sie diesen vorsichtig heraus. Bei Dornen oder Splittern kann es danach aus der Wunde bluten. Halten Sie vorsichtshalber ein sauberes Tuch bereit. Für einen Pfotenverband benötigen Sie weitere Materialien.

Pfotenverband anlegen

Blutet der Hund an der Pfote, weil er sich verletzt hat, sollten Sie groben Dreck entfernen und die Wunde erstversorgen.

- Ist Dreck auf der Wunde, können Sie versuchen, diesen mit einem sauberen, sterilen Tupfer zunächst abzuwischen. Wenn der Hund es zulässt und Sie ein Desinfektionsmittel für offene Wunden bei Hunden dabeihaben, kann auch das auf dem Tupfer aufgetragen benutzt werden. Erzwingen Sie es aber nicht – sofern die zeitnahe weitere Versorgung durch Tierärzte sichergestellt ist, kann auch ein Verband ohne große Säuberung angelegt werden.
- Decken Sie die Wunde mit einem **sterilen Tupfer** ab.
- Nehmen Sie **längliche Wattestreifen** und legen diese **in alle Zehenzwischenräume** bis über das Handwurzelgelenk.

TIPP: Haben Sie keine Wattestreifen zur Hand, können auch Tupfer oder Streifen von Mullbinden diese Aufgabe übernehmen.

- Vergessen Sie **die Daumenkralle** nicht, auch diese muss **mit Watte gepolstert** werden.
- Umwickeln Sie **die Pfote bis über das Gelenk** zunächst mit einem Watteverband. Fehlt Ihnen dieses Utensil, müssen Sie die nachfolgenden **Mullverbände etwas dicklagiger** wickeln, als Sie es normalerweise tun würden.
- Nehmen Sie **dann einen Mullverband** und wickeln Sie diesen um Pfote und Bein, sodass alles bedeckt ist.

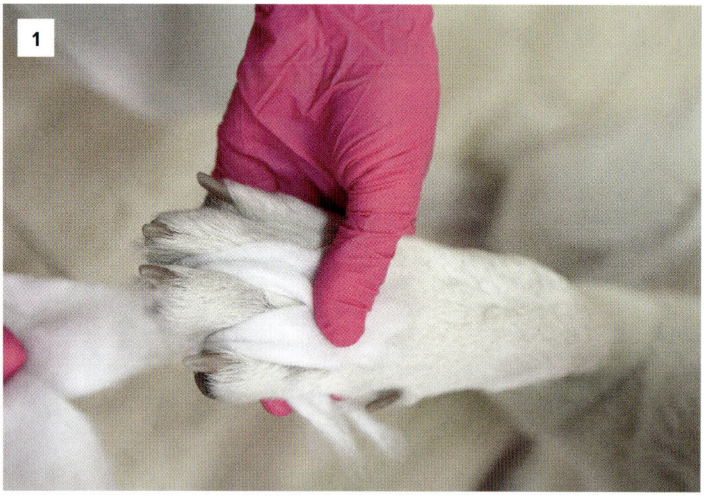

Zwischen die Zehen Wattestreifen legen.

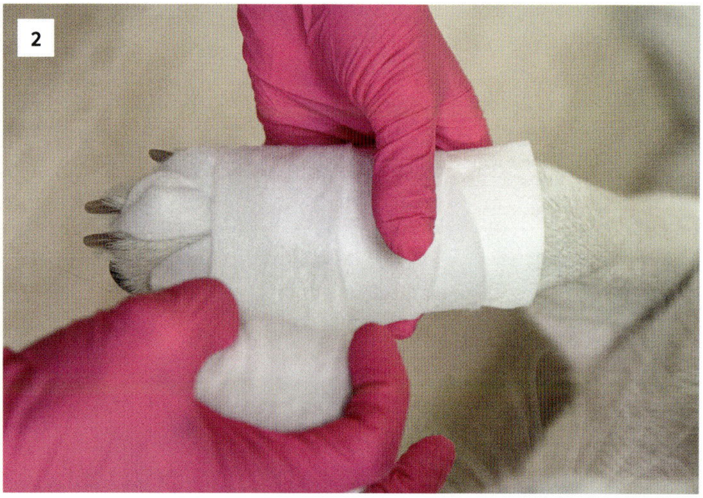

Polstern an der Wolfskralle nicht vergessen, dann einen Watteverband anlegen. Mit einem Mullverband fixieren.

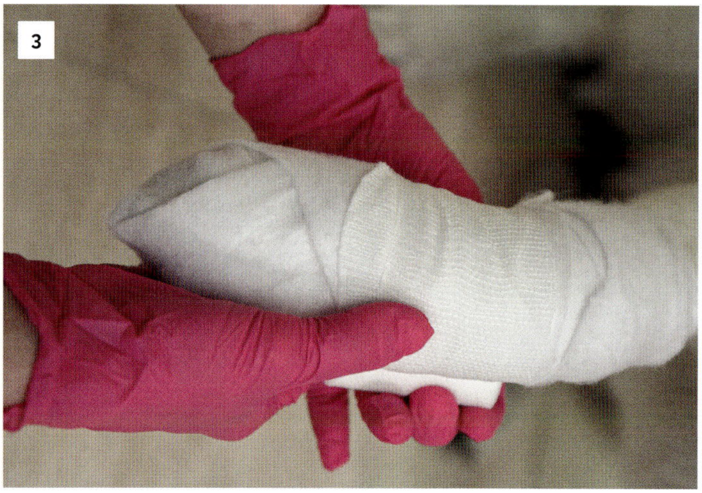

Darauf achten, dass sowohl das Gelenk als auch die gesamte Pfote mit verbunden werden.

Mit einem selbsthaftenden Verband oder einer elastischen Binde sichern.

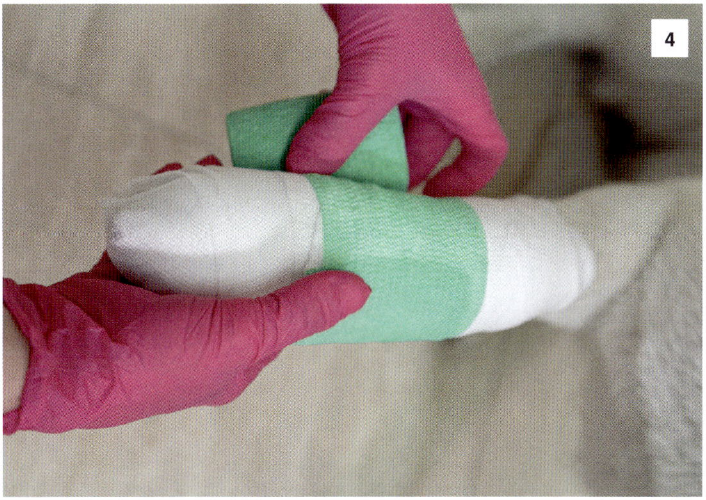

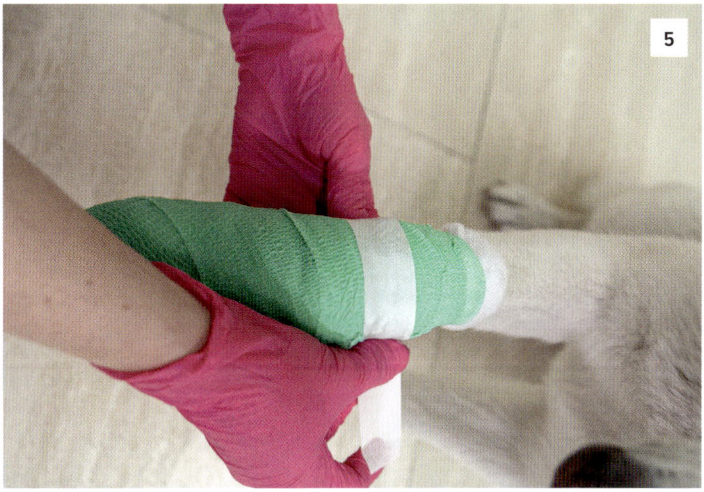

Wenn kein Gaffa-Tape oder eine Plastiktüte vorhanden sind, um den Verband vor Schmutz und Nässe zu schützen, können Sie auch den Einmalhandschuh von Ihrer Hand über die Pfote stülpen und mit Pflaster fixieren.

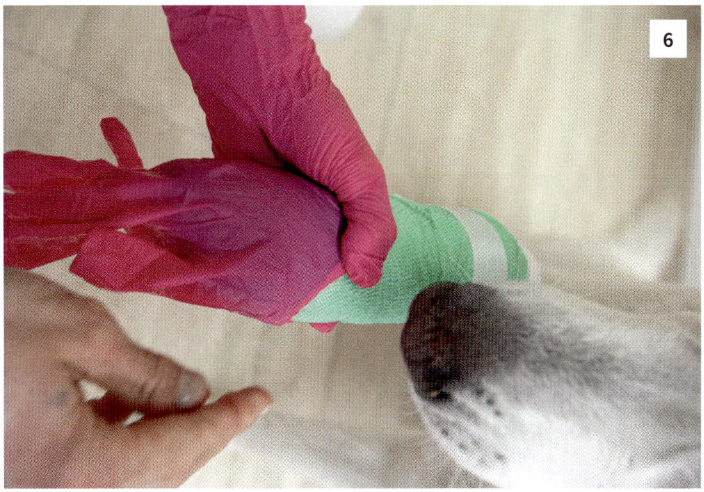

- Die äußere Schicht kann mit einer Verbandbinde oder auch **mit selbsthaftendem Verbandmaterial** eine schützende Hülle bilden. Wichtig ist, dass die Wunde vor Verunreinigungen geschützt und der Fuß gestützt ist. Fixieren Sie das Ende mit einem Klebeband.
- Muss das Tier damit laufen, sollten Sie noch etwas Gaffa-Tape als **Sohle** um die Pfote bzw. den -verband über die Lauffläche kleben. Alternativ dient auch ein Einmalhandschuh als kurzzeitige Schutzhülle – oder bei feuchtem Untergrund eine Plastiktüte. Wichtig ist, dies so zu fixieren, dass der Hund nicht darüber stolpert.

Bedenken Sie aber, dass Ihr Verband nur für die Erstversorgung ist – damit Sie sicher zum Tierarzt kommen. Er sollte nicht auf Dauer und ohne Verbandwechsel am Fuß bleiben, auch, wenn es scheinbar nur eine kleine Wunde ist. Achten Sie darauf, dass der Verband keine Druckstellen verursacht!

!

Achtung: Tritt der Hund trotz Kontrolle und nach Entfernen von Behinderungen weiter nicht auf, kann sich hinter dem Humpeln auch **eine Gelenkverletzung** verbergen. Auch eine Muskelzerrung, Prellung oder sogar ein Knochenbruch können dahinterstecken.

Versuchen Sie, den Hund möglichst schmerzfrei zu transportieren und tragen ihn gegebenenfalls. Sollte das **Tier zu schwer** sein, können Sie ihn dabei unterstützen, die Pfote zu entlasten. Nehmen Sie dazu einen **Schal** oder auch ein **T-Shirt** oder anderen Stoff, den Sie **unter seiner Brust möglichst breit durchführen und oben zusammenfassen**. Der Hund sollte damit auch auf drei Beinen leichter laufen können, weil Sie einen Teil des Gewichts „tragen". Läuft der Hund also im „Schongang", sollten Sie ihn möglichst rasch in einer tierärztlichen Praxis untersuchen lassen. Vermeiden Sie langes Laufen bis zur Untersuchung.

▶ ERSTE-HILFE-UTENSILIEN

Für Hilfe beim Pfotenverband brauchen Sie:

> evtl. **Reinigungstücher**
> **Tupfer/Wundauflage**
> **Watte**(verband)
> **Mullbinde**
> **Verbandbinde/Tapeverband**
> **Gaffa-Tape/Plastiktüte**

Lektion 12: Lahmen

Wenn der Hund lahmt, passiert dies oft von einem Moment auf den anderen. Dann setzt er die Pfote nicht mehr richtig auf, humpelt und versucht vielleicht, eine Gliedmaße gar nicht mehr zu nutzen. Er springt quasi auf drei Beinen. Wenn Sie bereits Verletzungen der Pfote ausschließen können, weil Sie die Untersuchungen am Unfallort entsprechend der Lektion **Pfotenkontrolle** durchgeführt haben, können Sie durch eine weitergehende Sichtung eine genauere Erstdiagnose erhalten. Das ist gut, wenn Sie einen Tierarzt schon vor Ihrem Besuch informieren wollen und dadurch die Behandlung vereinfachen können. Und Ihnen verschafft es Gewissheit, ob vielleicht nur eine Stoßverletzung (ein sogenanntes stumpfes Trauma) vorliegt, und Sie in ein paar Tagen damit rechnen könnten, dass dieses Lahmen wieder verschwindet.

Kontrollieren Sie zunächst das Bein, das der Hund schont, nach dem bekannten Muster, jedoch diesmal ganzflächig:

- Sehen Sie von Zehe bis Schulter oder Hüfte nach, ob an anderer Stelle als der Pfote **eine offene Verletzung** vorliegt. Kontrollieren Sie auch die Schenkelinnenseiten sowie unter der Brust.
- Achten Sie darauf, die schmerzende oder druckempfindliche Pfote bzw. das Bein nicht nach außen wegzudrehen – die Gefahr, dass der Hund nach Ihnen schnappt, ist sehr groß.

▶ **TIPP:** Lassen Sie sich von einer zweiten Person helfen, die den Hund beispielsweise an Halsband und Leine festhält und beruhigt. Kann der Hund nicht ruhig oder nicht gut stehen, versuchen Sie, ihn auf die gesunde Seite zu legen und die Kontrolle im Liegen vorzunehmen.

Finden Sie keine offenen Wunden, kann die Verletzung weiter im Inneren liegen und sowohl Muskulatur, Gelenke oder Knochen betreffen. Um hier vorab Klärung zu erreichen, sollten Sie eine äußere Kontrolle der Gelenke vornehmen:

- **Tasten Sie die Gelenke** des lahmenden Fußes von der Schulter oder Hüfte beginnend einzeln **ab**.
- Ist eine **Verdickung** zu spüren?
- Zuckt der Hund zusammen, wenn Sie das Gelenk berühren, weil es **schmerzhaft** ist?
- Ist das Gelenk **auffällig warm**?

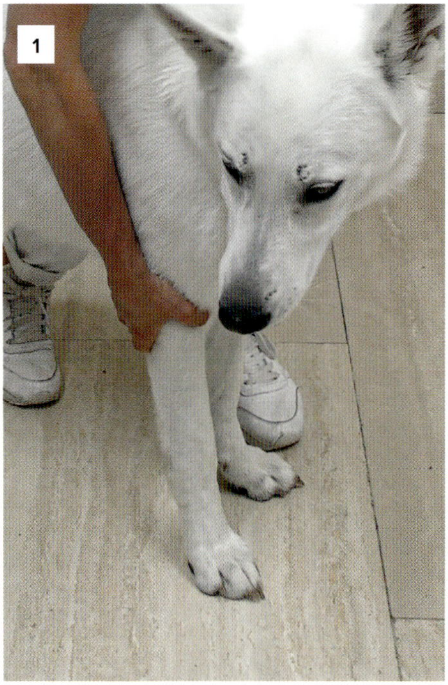

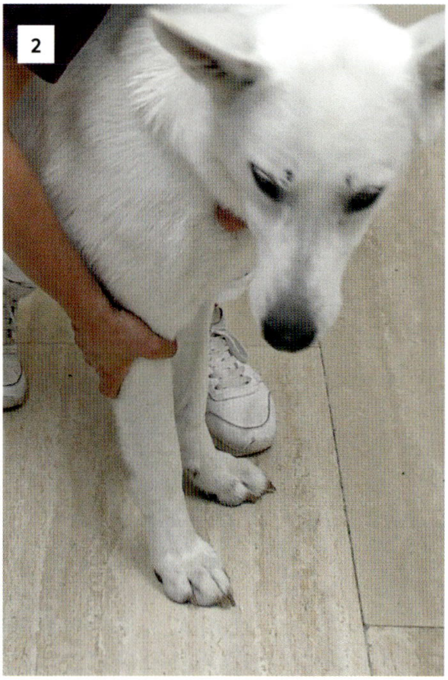

Tastkontrolle von der Schulter bis zu den Zehen am Vorderlauf oder entsprechend am Hinterlauf können geschwollene Gelenke erkennbar machen.

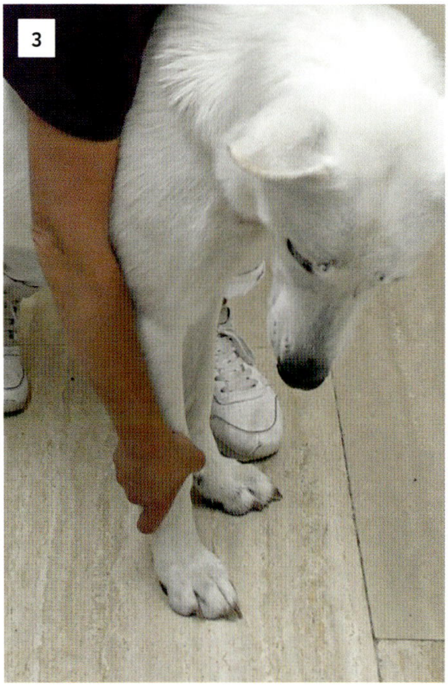

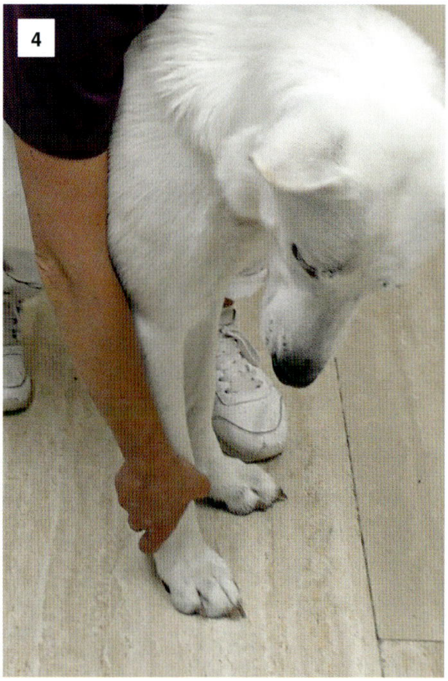

Reagiert der Hund auf Druck und jammert oder will ausweichen, sollte ein Tierarzt sich das Gelenk ansehen!

Lahmt der Hund an der Hinterhand, sollten Sie ihn mit einer provisorischen Trage durch eine Decke unter dem Bauch stützen, wenn Sie ihn nicht tragen können.

Das können Zeichen für eine **Entzündung** oder auch für eine **Gelenksverletzung** sein. An der Pfote beispielsweise sind Kapselrisse deutlich häufiger als vermutet ein Grund für Lahmen. Gerade Tiere, die schmale, hochgewölbte Pfoten haben, können sich bei einem Fehltritt in hügeligem, unebenem Gelände leicht Kapselverletzungen zuziehen. Manche Hunderasse und Mischlinge mit großem Anteil entsprechender Gene sind deutlich anfälliger für Kapselrisse. Aber auch schwere Hunde können darunter leiden – wenn sie schlecht aufkommen und das Gewicht für die eine Pfote in dem Moment zu viel und ungleich verteilt ist.

Bei der Untersuchung der Zehen können Sie häufig schon feststellen, dass diese besonders schmerzempfindlich oder die Zehengelenke geschwollen sind. Dann sollten Sie sicherheitshalber einen **Pfotenverband** anlegen und mit dem Hund den Tierarzt aufsuchen.

Prellungen kommen auch infrage, wobei Sie nur durch Tasten nicht eindeutig feststellen können, ob eine Prellung vorliegt oder doch mehr geschädigt wurde. Knochenbrüche können ebenfalls zu Schwellungen führen, ohne dass wir erkennen, dass ein Bruch vorliegt. Hier kann der Bewegungsreiz zwar zu einer Schmerzverstärkung führen und den Hund reagieren lassen – aber Gewissheit erlangen wir nur durch ein sicheres medizinisches Abtasten oder ein Röntgenbild.

! Gehen Sie mit dem Tier daher schnellstmöglich zum Arzt, um das abklären zu lassen.

Zeigt der Hund jedoch ein dauerhaft verändertes Gangbild, dann wird aus der umgangssprachlichen Auffälligkeit die medizinisch definierte Lahmheit. Stellen Sie ein **Lahmen** also **eher alltäglich**, beispielsweise durch einen veränderten, „unrunden" Gang oder nach dem Aufstehen fest, können die Ursachen in einer Gelenkerkrankung liegen. Auch, wenn der Hund häufiger, nach einer längeren Laufstrecke beispielsweise, anfängt zu schonen, liegt dieser Verdacht nahe. Beinzittern kann ebenfalls ein Signal dafür sein, dass eine medizinische Lahmheit vorliegt. Hinter all diesen Auffälligkeiten können sich Formen von Arthrose oder Arthritis verbergen, was letztlich nur eine ärztliche Untersuchung klären kann. Beobachten Sie dieses Lahmen über ein paar Tage und erstellen Sie ein Protokoll. Gehen Sie damit zur Untersuchung in eine – im Idealfall auf Gelenke und den Bewegungsapparat spezialisierte – tierärztliche Praxis. Arthrose kann nicht geheilt werden, aber die damit einhergehenden Beschwerden lassen sich durch ein individuell abgestimmtes und oft aus mehreren Teilen bestehendes Management lindern. Leider können Sie keine Maßnahmen vorab zur sofortigen Linderung ergreifen.

▶ ERSTE-HILFE-UTENSILIEN

Für Hilfe bei Lahmen brauchen Sie:

- **Reinigungstücher** für die Pfotenreinigung
- Evtl. **Pfotenverbandmaterial** (falls es ein Kapselriss sein könnte)
- **Tragetuch**

Lektion 13: Offene Wunden

Kleine Verletzungen der Haut kommen auch beim Hund immer wieder vor. Bei Verletzungen hilft Ihnen eine erste Sichtung dabei, die Entscheidung zu treffen, ob Sie die Wunde selbst versorgen können. Bei kleinflächigen oberflächlichen Verletzungen haben Sie alle Mittel zur Hand, um zunächst Erste Hilfe zu leisten und dann auch in der Folge entscheiden zu können, ob ein Gang zum Tierarzt noch nötig ist. Nicht immer ist es jedoch so einfach ersichtlich, ob hinter einer Abschürfung beispielsweise noch tiefgehende Gewebeverletzungen sind, für deren Versorgung tierärztliches Wissen und Erfahrung nötig sind.

Grundsätzlich können kleinere Schnitt- und Bisswunden durch Laien versorgt werden.

Um die Entscheidung zu treffen, was unbedingt sofort getan werden muss und wo professionelle Hilfe dringend nötig ist, klären Sie bitte zunächst folgende Fragen:

- Ist die Wunde **klein, wenig blutend und lokal begrenzt**?
- **Blutet die Wunde stark** und ist eventuell an einer riskanten Stelle – Hals, Innenschenkel etc.?
- Wirkt die Wunde **aufgerissen oder tiefer gehend**, wie durch einen Dorn, Ast, Holz- oder Glassplitter oder Ähnliches verursacht?
- Sieht die **Haut** wie **„abgelöst“** und angehoben aus an der verletzten Stelle bzw. um die Wunde herum?

Mit Ausnahme der kleinen Wunden, bei denen Sie sehen, dass es keine weiteren Beeinträchtigungen gibt, sind alle vorgenannten Hautverletzungen so, dass Sie damit nach der Erstversorgung eine tierärztliche Praxis aufsuchen sollten.

▶ **TIPP:** Bei allen Erste-Hilfe-Maßnahmen ist es besser, den Hund sicher auf der unverletzten Seite zu lagern und einen Helfer zu bitten, ihn daran zu hindern, sich zu bewegen oder aufzustehen. Gegebenenfalls legen Sie zusätzlich eine **Maulschlaufe** an, um Bissverletzungen zu vermeiden.

Kleinere Wunden versorgen

- **Schürfwunden**, die nicht größer als Geldstücke sind, oder Risse von Dornen sowie eine kleine Bisswunde, können in der Regel lokal und zuhause behandelt werden. Vorausgesetzt, es ist keine Arterie betroffen, was einen schnellen, deutlichen Blutverlust mit sich bringt, können Sie die Wunde in den drei nachfolgenden Schritten versorgen:

- Zunächst sollten Sie die Wunde mit einem Tupfer **von grobem Dreck befreien.**
- Wenn es nötig ist, kann **die Wunde** auch **gespült werden** – optimal ist sterile Kochsalzlösung, zur Not geht auch frisches Wasser.
- Wenn noch Dornenreste oder andere kleinere **Fremdkörper in der Wunde** stecken, sollten diese mit einer Pinzette vorsichtig entfernt werden – bei gröberen, größeren Teilen wie **bei abgebrochenen Ästen** sollten Sie das jedoch **auf keinen Fall tun**. Dadurch könnten Sie noch mehr verletzen und vor allem starke Blutungen auslösen!
- Ist die Wunde von Verunreinigungen befreit, drücken Sie einen **Tupfer auf die Wunde**, um die Blutung zu stillen. Eventuell tauschen Sie diese nach der ersten Blutstillung nochmals aus. Versuchen Sie, die Wunde möglichst blutungsfrei zu bekommen.
- Drücken Sie anschließend **einen frischen Tupfer auf die Fläche** und heften Sie diesen mit einem Pflaster an. Stören Haare an der Wunde, können Sie versuchen, diese mit der an den Enden abgerundeten (stumpfen) Schere um den Wundrand herum abzuschneiden. Im Zweifel verzichten Sie aber lieber darauf und überlassen das bei der Nachversorgung den Tierärzten.
- Zur Sicherheit und für den sauberen Transport können Sie noch einen Verband mit einer Mullbinde anlegen – dieser sollte nicht verrutschen können, aber auch nicht zu straff gewickelt werden. Die Blutzufuhr darf dadurch nicht behindert werden. Sind Sie sich unsicher und der Weg nicht allzu weit, verzichten Sie lieber darauf und stellen den Hund möglichst rasch einem Tierarzt vor. Ist die Wunde an einer ungünstigen Stelle, die durch Bewegung extremer Dehnung ausgesetzt ist, sollten Sie den Hund möglichst still lagern und transportieren.

!

Achtung: Auch oberflächliche Verletzungen können schwerwiegender sein, wenn sich Taschen unter der Wunde bilden oder die Blutung nach innen geht.

Druckverband anlegen

Liegt eine offene, stark blutende Wunde beim Hund vor, muss unverzüglich ein Tierarzt verständigt werden. Legen Sie möglichst zügig einen Druckverband an für die Erstversorgung und achten Sie darauf, wenig Zeit zu verlieren.

Schürfwunden und kleinere Wunden lassen sich mit einem Verband bis zur Kontrolle durch den Tierarzt verbinden. Zunächst die Wunde grob von Dreck reinigen, so dass sie ggf. zwar noch blutet, aber Fremdkörper nicht mehr auf die Wunde drücken können.

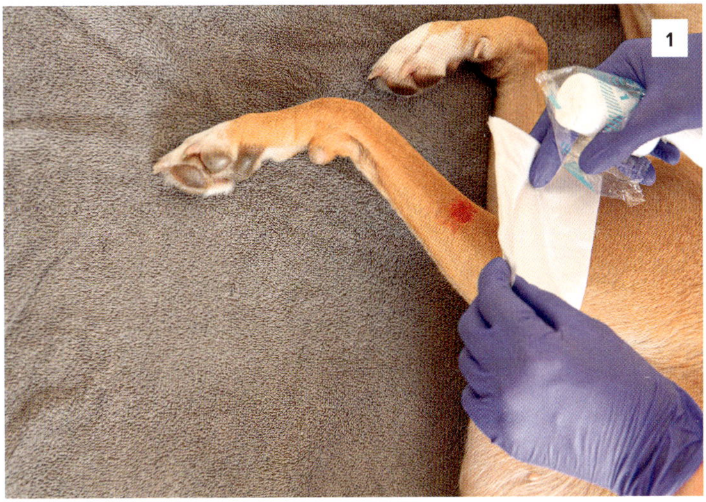

Beim Druckverband wird zunächst die Wunde mit einem Tupfer abgedeckt.

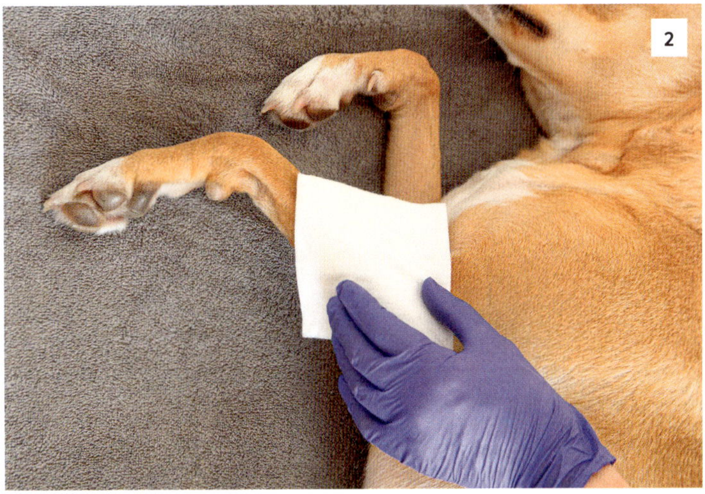

Dann folgt eine Verbandauflage, die Sie eng, aber nicht einschneidend anlegen sollten.

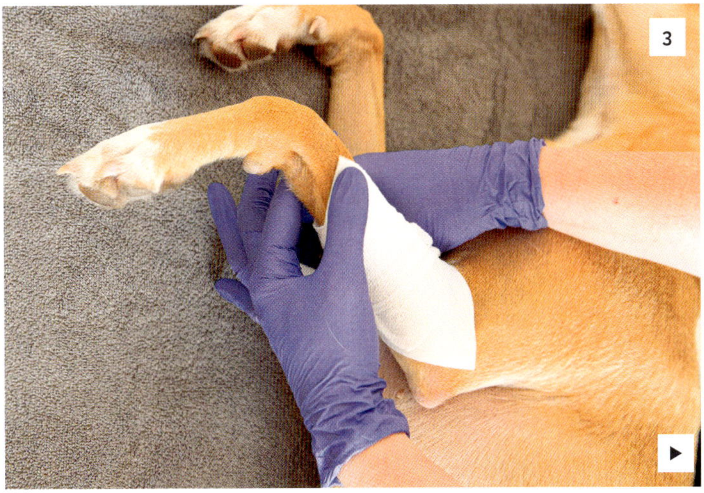

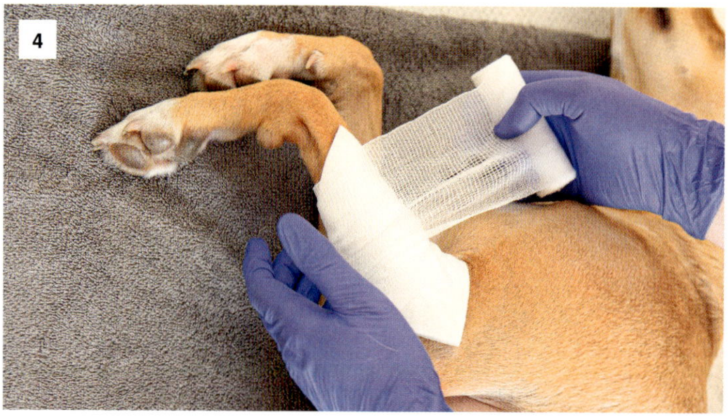

Darauf wird an der Stelle, an der das Blut austritt, eine Mullbindenrolle als Auflage gelegt.

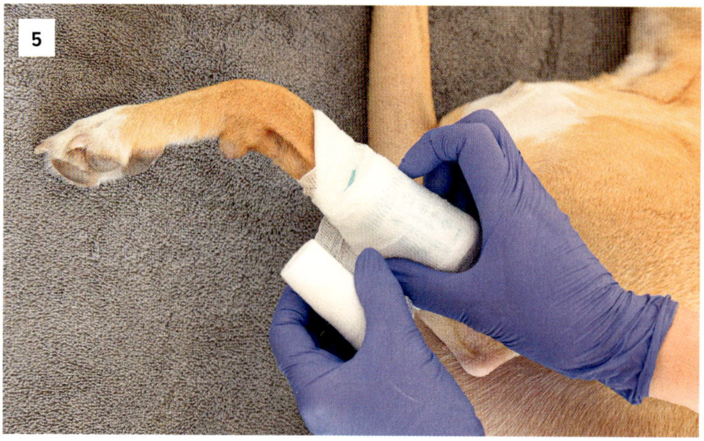

Diese wird durch den Verband auf die Wunde gedrückt und soll das weitere Austreten von Blut kurzzeitig verhindern. Ein Druckverband sollte nur für den Transport zur Klinik angelegt und unbedingt kontrolliert werden.

- Wenn die Wunde ersichtlich tief ist oder **stark blutet**, weil vielleicht eine Arterie verletzt ist, sollten Sie zunächst die **Blutung stillen**. Drücken Sie dazu Tupfer oder anderes Verbandmaterial zum Auffangen auf die Wunde. Halten Sie weitere Mullbinden und Verbandmaterial für einen Druckverband bereit und entfernen Sie die Wundauflage nicht.

! **Achtung:** Steckt ein **Fremdkörper** tief in der Wunde, beispielsweise ein abgebrochener Ast oder ein anderer Splitter, entfernen Sie diesen nicht, sondern **polstern ihn ab** und führen den Verband stabilisierend darum herum. Fixieren Sie den Fremdkörper damit und versuchen Sie, ihn so wenig wie möglich zu bewegen.

- Verbinden Sie die Wunde mit einer ersten Lage so, dass der Verband fest, aber nicht zu straff anliegt. Nutzen Sie, wie Sie es aus einem Erste-Hilfe-Kurs kennen, ein Verbandpäckchen, eine Taschentuchpackung oder ähnliche Gegenstände zum Auflegen und verbinden weiter.

- Fixieren Sie den Verband, sodass weder Druckauflage noch Verband verrutschen können. Mit diesem **Kompressionsverband** sollten Sie dann das Tier transportieren können und begeben sich auf dem schnellsten Weg zu einer Tierarztpraxis.

Auch bei **stark ausgefransten Wunden** – oder solchen, die erkennen lassen, dass sich eine Hauttasche mit Blut oder Verunreinigungen füllen könnte oder bereits gefüllt hat, ist Eile geboten. Das Anlegen eines **Ohrverbands ist in Lektion 10** beschrieben – bei Rutenverletzungen sollten Sie neben der Wundreinigung ebenfalls provisorisch einen Pflasterverband anbringen.

! **Achtung:** Verschmutzte oder bereits mit Blut gefüllte Hauttaschen verhindern, dass Sie einen sauberen Verband anlegen können. Versuchen Sie, die Wunde großflächig mit sterilen Tüchern abzudecken und den Hund beim Tierarzt vorzustellen. Sollten Sie sich zutrauen, einen Verband anzulegen, der keinen zusätzlichen Druck oder Stau auslöst, ist auch das möglich.

▶ ERSTE-HILFE-UTENSILIEN

Für Hilfe bei offenen Wunden brauchen Sie:

> Sterile **Wundauflage**,
> **Tupfer** zum Reinigen und Wunden abdecken
> ggf. **Desinfektionslösung** (für den Hund!)
> **Mullbinden**, für Druckverbände (eine davon zum Auflegen)
> **Pflaster**
> **Schere**
> **Transportdecke**

Sollte die Blutung an den Gliedmaßen oder der Rute nicht durch einen Druckverband gestoppt werden können und Sie fürchten, dass das Tier beim Transport zu viel Blut verlieren würde, können Sie das Bein oder die Rute vorsichtig und keinesfalls für länger als 10 Minuten oberhalb der Wunde abbinden. Dann sofort wieder öffnen, kontrollieren, ob der Blutaustritt wieder zu stark wird, gegebenenfalls erneut für maximal 10 Minuten abbinden. Aber: Das Lösen kann Embolien verursachen – zu langes Abbinden das Gewebe des Körperteils zerstören und führt schlimmstenfalls zur Amputation.

Lektion 14: Brüche

Zwar ist es seltener der Fall, dass unsere Hunde sich „einfach“ so einen Knochen brechen – aber dennoch kann es passieren. Dabei sind die **offenen Brüche**, also solche, bei denen nicht nur der Knochen, sondern auch das Gewebe und die Haut verletzt werden, die schwierigsten. Auch, was die Erstversorgung angeht. In der Regel können Laien hier nicht viel tun, die Behandlung und Versorgung bedürfen tierärztliches Wissen und Erfahrung. Auch ein **Schienen ist nicht angeraten!** Anders sieht es mit Brüchen aus, bei denen wir nicht noch blutende Wunden berücksichtigen müssen. Bei ihnen steht zwar auch der Gang zum Tierarzt an, aber die Erstversorgung und ein **provisorisches Schienen für den Transport** können wir leisten.

Doch eines nach dem anderen. Dass Sie es mit einem Knochenbruch zu tun haben, erkennen Sie am ehesten bei Brüchen an den Vorder- oder Hinterläufen: Zum einen, weil der Hund die **Pfoten nicht mehr aufsetzt** und jammert, wenn er es tun muss oder etwas berührt. Und zum anderen, weil es meist eine **unnatürliche Beule** oder **deutliche Schwellung** an der Stelle gibt, an welcher der Knochen nicht mehr heil ist. Auch wenn die Gliedmaße unnatürlich absteht oder eine merkwürdige Beweglichkeit zeigt, ist ein Knochenbruch sehr wahrscheinlich. Rippenbrüche hingegen sehen wir – insbesondere bei langhaarigen Hunden – noch wesentlich schlechter. Eindeutig zu erkennen werden sie nur auf einem Röntgenbild sein. Daher gilt: Abtasten, wo es geht, schienen, wo Sie es können und ansonsten immer sofort den Hund so lagern, dass er möglichst wenig Schmerzen hat und transportiert werden kann.

▶ **TIPP:** Bevor Sie den Hund durch Abtasten untersuchen oder versuchen, eine Bruch zu schienen, sollten Sie eine **Maulschlaufe** anlegen und den Hund anleinen und sichern. Die Schmerzen können so groß sein, dass der Hund blindlings zubeißen oder fliehen will – selbst wenn Sie nur sanft über die Bruchstellen streichen.

Bruch entdecken oder vermuten

Tasten Sie den Hund vorsichtig **ab**, wenn ein Bruch nicht ersichtlich ist, aber vermutet wird. Zuckt er merklich zusammen, schreit und will ausweichen und die berührte Stelle weist eine ungewöhnliche Form auf (vielleicht spüren Sie sogar den Bruch beziehungsweise Knochenfragmente) – geben Sie sich damit zufrieden. Neben Knochenbrüchen können auch **innere Verletzungen** im Brust-/Rippenbereich beispielsweise der Organe dazu führen, dass der Hund so reagiert. Erhöhte Temperatur, Puls und Atemfrequenz sowie eine Veränderung im Verhalten und der Aufmerksamkeit können ebenfalls erschweren, dass Sie einen Knochenbruch klar erkennen.

Haben Sie einen begründeten Verdacht, weil der Hund angefahren wurde, gestürzt ist oder gegen etwas gelaufen ist, belassen Sie es bei der Vermutung und versuchen Sie die Gliedmaße provisorisch zu schienen, um den Hund transportieren zu können.

! **Achtung:** Achten Sie immer auf Puls und Atemfrequenz und darauf, dass der Hund nicht bewusstlos wird. Sollte sich der Zustand verschlechtern, brechen Sie ihre Bemühungen bitte sofort ab und transportieren den Hund ohne eine Schiene anzulegen umgehend in eine Tierklinik!

Bruch provisorisch schienen

- Steht der Hund noch, und Sie müssen ihn allein hinlegen, können Sie ihn dabei mit Ihrem Körper stützen. Nehmen Sie ihn quer vor sich, die unverletzte Seite bzw. ohne den vermuteten Bruch Ihrem Körper zugewandt. Greifen Sie dann über den Hunderücken und nehmen jeweils Vorder- und Hinterbein in die Hände. Heben Sie die Pfoten leicht an und ziehen Sie diese langsam von Ihrem Körper weg und lassen Sie den Hund langsam nach unten gleiten.
- Legen Sie den Hund auf eine Unterlage wie eine Decke, Jacke oder Ähnliches, mit der Sie das Tier nachher auch tragen können. Ist der Hund auf beiden Körperhälften verletzt, ist eine Rettungs(Thermo)decke dazwischen sinnvoll, damit die am Boden liegende Seite möglichst geschützt bleibt.

! **Achtung:** Mit der Schienung wollen Sie lediglich gewährleisten, dass die **Gliedmaße stabilisiert** ist – versuchen Sie nicht, die Stellung der Knochen verändern zu wollen! Dadurch könnten weitere innere Verletzungen verursacht werden. Sie wollen den Hund nur **transportfähig machen**.

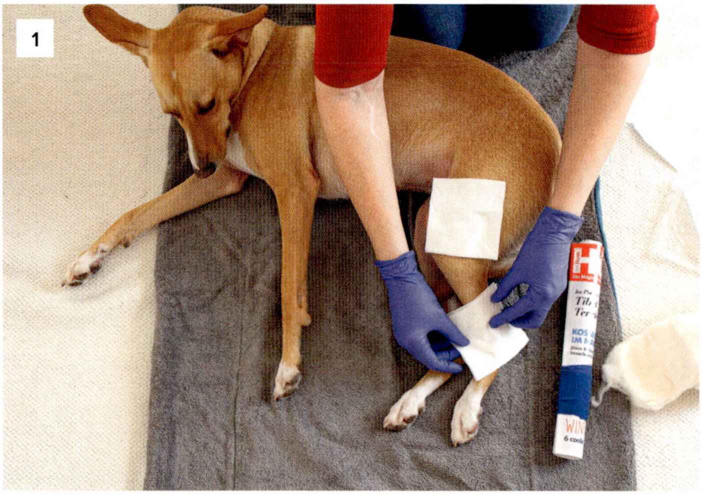

Die provisorische Schiene sollte über die Bruchstelle deutlich hinausgehen. Die verletzte Gliedmaße wird zwischen Schiene und Haut gepolstert.

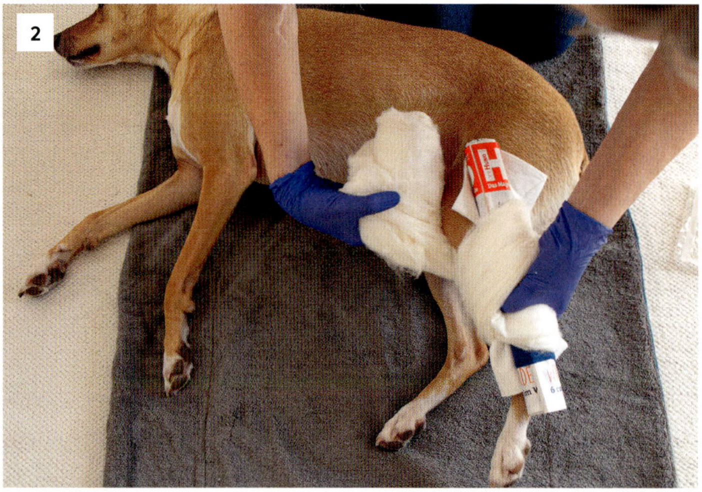

Die Schiene wird weiter gepolstert und idealerweise ein Watteverband angelegt, um die Gliedmaße zu schützen.

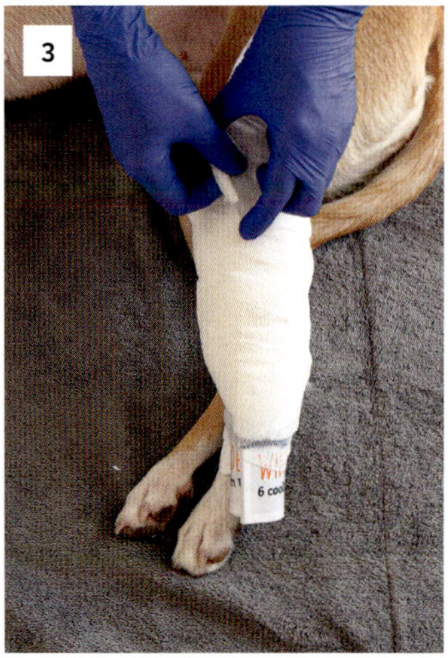

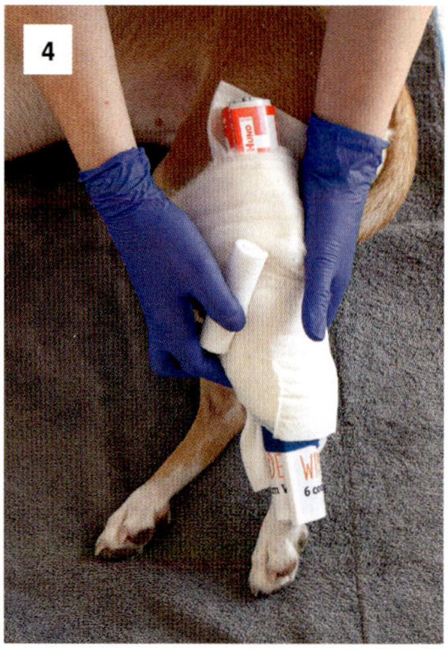

Mit einem selbsthaftenden Verband oder einer elastischen Binde sichern.

Der Verband sollte stabil, aber nicht zu fest angelegt werden, um die Haltung zu fixieren, aber keine Durchblutung zu verhindern.

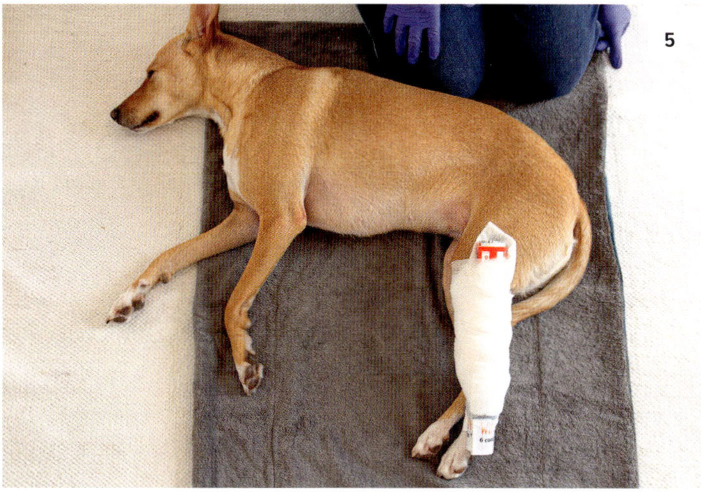

5

- Für die Schienen können Sie einen ausreichend stabilen Stock, ein Lineal oder zur Not auch fest gerolltes Zeitungspapier oder eine Zeitschrift nehmen.
- Wichtig ist, dass Sie großzügig bzw. **weit bis oberhalb und unterhalb** von der (vermuteten) Bruchstelle die Fixierung beginnen und enden lassen.
- **Polstern Sie die Bruchstelle** ausreichend ab: Watteverband oder mehrere Lagen Mull locker darumgelegt schaffen einen weichen Schutz, bevor Sie die Schiene mittels Verband ans Bein bringen.
- Achten Sie darauf, die Schiene so einzusetzen, dass lediglich die **aktuelle Lage des Beins stabilisiert** wird und kein Begradigungsdruck ausgeübt wird. Die Schiene darf also nicht auf die Bruchstelle gelegt werden, wo die Schwellung ist, sondern muss dahinter – gegebenenfalls auch mit einem größeren „Luftraum" – liegen und dann stabilisierend **durch einen Verband fixiert** werden.
- Gleichzeitig darf die Bandage nicht zu fest angelegt werden, um nicht die Blutzirkulation zu unterbinden!

Haben Sie dies soweit geschafft, heben Sie den Hund mit einer helfenden Person auf der Decke hoch und transportieren ihn zu einem Fahrzeug, um schnellstmöglich eine ärztliche Versorgung sicherzustellen.

▶ **TIPP:** Sollten Sie sich das Schienen nicht zutrauen – **transportieren Sie den Hund lieber ohne Schiene und dafür schneller in die Tierklinik**. Falsch angelegte Schienen können den Zustand verschlimmern.

Lektion 15: Verbrennungen

Verbrennungen können sich Hunde blitzschnell zuziehen. Die Gefahrenquellen sind vielfältiger, als man im ersten Moment meinen möchte. Diese Form der Verletzung ist manchmal gar nicht so leicht zu erkennen, muss aber korrekt behandelt werden, da sie auch Infektionen nach sich ziehen kann.

Gerade an der Nase, im Gesicht oder an den Pfoten können sich Hunde häufiger als wir denken Brandverletzungen zuziehen. Eine weggeworfene, nicht richtig gelöschte Zigarettenkippe kann schon dazu führen. Auch ein Stromschlag kann Verbrennungen nach sich ziehen. Aber auch das vom Grill stibizte Würstchen, Laufen über heißen Asphalt oder Glasflächen genügen, um Verbrennungen zu verursachen. Nicht immer sehen wir das gleich in Form einer offenen Wunde. Hautveränderungen können sich gerade bei langhaarigen Hunden unter intaktem Fell, das die Stelle überdeckt, verbergen. Verbrennungen an den Pfoten wird der Hund uns durch Humpeln anzeigen – oder, wenn er nach dem Spaziergang ausgiebig und länger an allen Pfoten leckt. Auch eine verbrannte Nase zeigt er durch Schlecken an. Wir müssen diese Handlungen also interpretieren und unseren Hund dann untersuchen. Sehen Sie sich die möglichen Stellen genauer an. Eventuell müssen Sie dafür die Stelle rasieren oder mit einer ungefährlichen Schere das Fell abschneiden. Gerade bei Brandwunden zwischen den Zehen ist das manchmal die einzige Möglichkeit, die Stellen zu finden.

Deutlicher und auch gefahrvoller sind Verbrennungen, die ein Hund beispielsweise bei einem Autounfall erleiden kann. Wenn ein Auto Feuer fängt und wir einen Hund mit Verbrennungen versorgen müssen, kommt erschwerend hinzu, dass es unter Umständen ein uns völlig fremder Hund sein kann. Doch auch der eigene wird in solchen Situationen nicht ruhig bleiben. Sie müssen in diesen Extremsituationen also immer mit Panikattacken und Angriffen rechnen. **Erste Maßnahmen dienen daher immer dem Eigenschutz!** Gebissen oder umgerannt können Sie niemandem mehr helfen. Das bedeutet:

- Sichern Sie den Hund mit Halsband und Leine, sofern die Verbrennungen nicht in dieser Partie sind.

▶ **TIPP:** Holen Sie sich Hilfe durch eine weitere Person, die den Hund hält und mit auf eine Decke oder andere, als Trage einsetzbare Kleidung, legt und dort sichert.

- Überprüfen Sie gegebenenfalls zunächst die Vitalfunktionen, wie im Abschnitt Notfallmaßnahmen geschildert.

!

Achtung: Ist der Hund apathisch oder haben Sie die Befürchtung, dass er einen **Schock** erlitten hat, müssen Sie sich – unabhängig von der Versorgung der Brandwunden – zunächst um die **Stabilisierung des Kreislaufs** kümmern.

- **Gehen Sie erst dann** zu den eigentlichen Erste-Hilfe-Maßnahmen bei Verbrennungen über.

Verbrennungen erkennen

Auch beim Hund werden Verbrennungen nach deren Schwere in drei Verbrennungsgrade unterschieden. Damit Sie die richtigen Maßnahmen ergreifen, sollten Sie die Verbrennungen sehen und als solche erkennen können. Betrachten Sie die Stellen unter folgender Fragestellung:

- Ist eine Rötung der Haut zu erkennen?
- Haben sich Hautblasen gebildet?
- Löst sich Fell in Büscheln oder Fetzen oder sieht wie abrasiert aus?
- Ist die Haut trocken und verkohlt, sind die Ränder der Brandwunde gerötet oder nässen sie?

Wenn Sie eine allergische Reaktion ausschließen können (beispielsweise durch Brennnesseln oder auf Milben & Co.), liegt eine Verbrennung nah. Wenn alle weiteren Umstände dafürsprechen, dass die Hautrötung von einer Verbrennung stammen, kann sollten Sie diese entsprechend behandeln.

Brandwunden versorgen

- Bei **leichten Verbrennungen**, bei denen vor allem eine Rötung der Haut und verbranntes oder angekokeltes Fell die Stelle anzeigen, sollten Sie **zunächst kühlen**. Das geht mit fließendem Wasser oder einer Kühlmanschette/ Gelbeuteln, die Sie auflegen. Auch Eiswürfel, sofern Sie diese erst **in ein Tuch einschlagen**, können verwendet werden. Wichtig ist, dass Sie darauf achten, dass die Kühltemperatur nicht zu extrem ist, sondern ein gleichmäßiges Abkühlen ermöglicht.

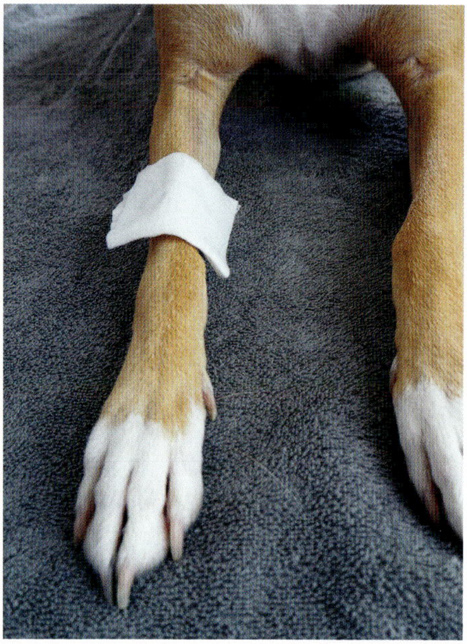
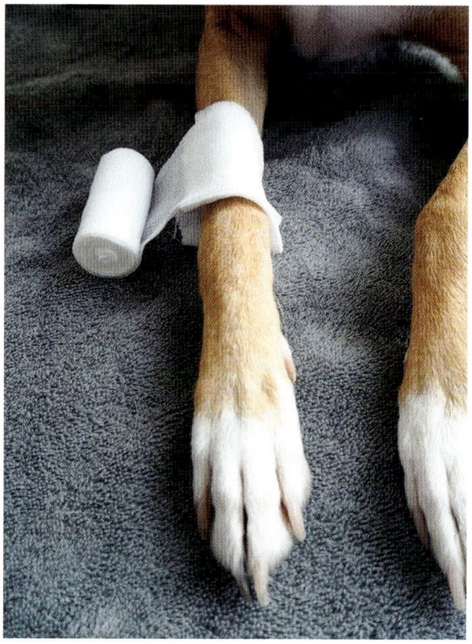

Bei leichten Verbrennungen können Sie eine sterile Wundauflage und einen Verband anlegen, bei größeren Flächen decken Sie diese Stellen nur mit einem Tuch leicht ab, um weitere Verschmutzungen zu vermeiden.

- Zeigt die Haut bereits **Brandblasen** oder ist verkohlt, sollten Sie diese nicht mit Wasser behandeln. Hier können aber eine Desinfektion der betroffenen Hautpartie mit einer für Brandwunden geeigneten Lösung vornehmen. (Bitte darauf achten, dass sie für Hunde geeignet ist!)

!

Achtung: Steht Ihnen kein solches Mittel zur Verfügung, lassen Sie es – verwenden Sie keine Brandsalben oder andere Hausmittel!

- **Stechen Sie Brandblasen nicht auf!** Falls diese sich unbeabsichtigt öffnen, sorgen Sie dafür, dass sie durch eine sterile Wundauflage möglichst geschützt werden.
- Alle Brandwunden sollten Sie bestmöglich säubern und danach mit einer **sterilen Wundauflage abdecken**.
- Lassen es die Fläche und der Hund zu, **legen** Sie zusätzlich **einen Verband an**, bevor Sie das Tier zu einem Tierarzt bringen. Damit verhindern Sie das Verrutschen der Wundauflage und weitere Verschmutzungen. Achten Sie darauf, den Verband nicht zu straff anzulegen, er dient nur der Fixierung der Wundauflage für den Transport.

- Sorgen Sie dafür, dass der Hund **die Wunden nicht leckt**. Ist ein Abdecken nicht möglich, und Sie haben keine Halskrause/keinen Trichter zur Verfügung, bitten Sie für den Weg zur tierärztlichen Praxis jemanden um Hilfe. Dieser kann dann das Tier am Lecken hindern.
- Bei größeren Brandwunden und je nach Allgemeinzustand des Tieres ist es sinnvoll, den Hund **während des Transports** durch eine Thermodecke aus dem Erste-Hilfe-/Verband-Kasten **einzuhüllen**, um die **Körpertemperatur** stabil zu halten. Ist der Hund geräuschempfindlich und Sie haben andere Decken zur Verfügung, können Sie auch diese nutzen. Achten Sie darauf, dass die Wunden nicht freigelegt werden oder direkt mit der Decke in Berührung geraten.

In jedem Fall sollte ein Tierarzt sich die Wunden ansehen und weiterbehandeln – suchen Sie schnellstmöglich die nächstgelegene Praxis auf, wenn es mehr als eine kleine Hautrötung ist.

▶ **TIPP:** Auch Verätzungen können sich in Form einer Brandwunde zeigen – und sollten ebenso behandelt werden. Spülen Sie die Wunde aus, decken sie ab und bringen das Tier in eine Praxis. Wenn Sie genau wissen, mit welcher Substanz es passiert ist, sollten Sie diese Angabe unbedingt den behandelnden Ärzten mitteilen und bestenfalls sogar die Verpackung o.ä. mitnehmen.

▶ ERSTE-HILFE-UTENSILIEN

Für Hilfe bei Verbrennungen brauchen Sie:

> Sterile **Wundauflage**
> ggf. **Desinfektionslösung** (für den Hund!)
> Tupfer zum Reinigen und Wunden abdecken
> **Verbandtuch** zum Abdecken bei größeren Flächen
> **Mullbinden**
> **Pflaster**
> **Schere**
> Wärmende **Decke**
> **Transportdecke**

Lassen Sie Ihren Hund in der Nähe von Weidezäunen (insbesondere bei feuchtem Wetter) nicht frei herumlaufen – die Gefahr eines Stromschlags ist auch ohne direkte Berührung des Drahts gegeben.

Lektion 16: Stromschlag

Zugegeben, Stromschläge kommen bei Hunden seltener vor – aber das Knabbern an elektrischen Leitungen (beispielsweise von Stehlampen oder Staubsaugern und anderen Kabeln von Haushaltsgeräten) birgt entsprechende Gefahren. Auch Weidezäune können es „in sich haben" und zu viel Spannung an unsere Vierbeiner abgeben. Damit rechnen müssen Sie allerdings eher nur bei feuchter Witterung, wenn der Hund auch mit nassem Gras in Kontakt kommt oder wenn er durchnässt ist und den Draht mit der Nase berührt. Durch diese Berührung wird der Stromkreis geschlossen und „durchfließt" den Hundekörper. Normalerweise sind diese Berührungen nur kurz und die Spannung ist so niedrig, dass sie den Hund nicht extrem gefährdet. Allerdings kann der „Schlag" den Hund erschrecken und eine Panikreaktion auslösen. Auch ist bei kleineren Hunden die Gefahr eher geben, dass sie doch Schaden davontragen. Hier sollten Sie nicht zögern, nach der Befreiung einen Tierarzt aufzusuchen. Auch für Tiere mit Herzerkrankungen kann eine solche Berührung gefährlich sein. In der Regel bleibt der Hund nicht am Weidezaundraht haften – sodass die Trennung von der Stromquelle von allein eintritt.

Kritischer sieht es mit durchgebissenen Kabeln, herausgekratzten Steckdosen & Co. aus. Selbstverständlich machen Hunde das nicht alltäglich, aber gerade bei jungen Hunden kann es vorkommen, dass sie sich in der Wohnung umsehen und ein Kabel einfach interessant finden. Die Spannung im Haushalt ist wesentlich höher als die eines batteriebetriebenen Weidezauns – die „Elektroschläge“ daher deutlich heftiger.

Stellen Sie fest, dass Ihr Hund sich in ein Kabel verbissen hat oder andere Stromquellen direkt berührt, gehen Sie wie folgt vor:

- Beißt das Tier ein Strom führendes Kabel durch, sollten Sie **schnellstmöglich die Stromzufuhr unterbrechen**.
- Bei einer Lampe ziehen Sie den Stecker aus der Dose. Wenn es Ihnen zu riskant ist, das mit bloßen Händen zu tun, weil die losen Enden der Drähte dicht am Stecker sind, ziehen Sie sich Haushaltshandschuhe an. Dadurch schaffen Sie eine Isolation und die Spannung kann nicht überspringen. Eine Plastiktüte erfüllt notfalls auch diesen Zweck.
- Bei einer aus der Wand gekratzten Steckdose müssen Sie den Sicherungskasten aufsuchen und den Stromkreis unterbrechen.

▶ **TIPP:** Wenn Sie nicht wissen, welcher der Richtige ist, lassen Sie kurzzeitig alle Lichter ausgehen und nehmen notfalls den Hauptschalter. Es wird ja nur für eine kurze Zeit nötig sein.

- Widmen Sie sich dann dem Tier und bringen es aus der Gefahrenzone bzw. entfernen es von den stromführenden Teilen.

Folgen eines Stromschlags erkennen

Die Symptome können unterschiedlich aussehen und sind abhängig davon, wie hoch die Spannung war und welche körperlichen Voraussetzungen der Hund mitbringt. Sie müssen dabei mit Folgendem rechnen:

- Verbrennungen
- Zittern
- Krämpfe
- ein Schockzustand mit oder ohne Bewusstlosigkeit oder auch
- im Extremfall ein Herzstillstand

Auch wenn Sie nicht unbedingt direkt nach dem Vorfall etwas bemerken, bleiben Sie wachsam und beobachten Sie den Hund die folgenden Tage aufmerksam!

!

Achtung: Herzrhythmusstörungen oder ein Herzstillstand können auch noch mit einiger Verspätung eintreten und auf den Stromschlag zurückzuführen sein. Gehen Sie bei Verhaltensänderungen oder anderen Auffälligkeiten unbedingt mit dem Hund zum Tierarzt.

Stromschlagfolgen behandeln

- **Verbrennungen** behandeln Sie bitte wie in Lektion 15 beschrieben.
- Bei **Schockzuständen** handeln Sie bitte wie in Lektion 2 aufgeführt.
- Bei **Bewusstlosigkeit** oder **Herzstillstand** wenden Sie die Erste-Hilfe-Maßnahmen aus dem Kapitel zu Notfallmaßnahmen an!
- Gehen Sie mit dem Tier zum Tierarzt und lassen Sie es gründlich untersuchen, um etwaige **Herzrhythmusstörungen** zu entdecken.

!

Hinweis: Nehmen Sie Stromunfälle nicht auf die leichte Schulter – Spätfolgen können auch nach einiger Zeit erst sichtbar werden.

Lektion 17: Vergiftungen

Unabhängig von Lebensmitteln, die Hunde nicht fressen sollten, weil sie giftig für sie sind, gibt es einige weitere Stoffe, die bei unseren Vierbeinern zu Vergiftungserscheinungen führen.

Verhält sich der Hund merkwürdig, würgt oder spuckt und sabbert er, obwohl er das normalerweise nicht tut, sollten Sie eine Vergiftung als Grund in Betracht ziehen. Haben Sie die Ursache nicht gleich im Blick oder beobachtet, wie der Hund beispielsweise etwas gefressen hat, sollten Sie sich umsehen, ob mögliche Verursacher zu finden sind. Das können beispielsweise leere Verpackungen sein oder Behälter, die geöffnete Mülltonne oder auch giftige Pflanzen. Eine erste schnelle Kontrolle sollte Ihnen aber genügen, bevor Sie sich den Symptomen und möglichen Maßnahmen widmen. Verlieren Sie nicht zu viel Zeit mit der Suche, sondern kontrollieren Sie den Hund.

Vergiftungen zeigen sich **je nach Gift und Konzentration** leider sehr unterschiedlich. Aufmerksam werden sollten Sie immer, wenn

- der Hund sich extrem unruhig verhält
- der Hund erbricht und das Erbrochene schaumig ist
- er (akuten) Durchfall hat und sich beim Koten extrem verkrampft zeigt
- sein Zahnfleisch sehr blass ist
- er „rasselt“ und die Atemwege belegt erscheinen (und das untypisch für ihn ist)
- er einen unruhigen Herzschlag hat und zwischen Herzrasen und verlangsamtem Puls schwankt
- er untypisch einen extremen Buckel macht und sich bei Berührung krümmt
- ihn extreme Krämpfe plagen
- Lähmungserscheinungen auftreten
- Muskelzittern auftritt ohne besondere Anstrengung oder Belastung
- der Hund apathisch reagiert oder sogar bewusstlos wird

Auch Blut im Urin, Kot oder plötzliches Nasenbluten können durch Gift verursacht werden.

- Bei **Erbrechen und Bewusstlosigkeit** ist es wichtig, die **Atemwege frei** zu bekommen bzw. frei zu halten. Lagern Sie den Hund sicher, stabilisieren Sie den Kreislauf.
- Bitten Sie eine weitere Person um Hilfe, beispielsweise, um das Erbrochene ohne Hautkontakt einsammeln zu können. Auch für die Lagerung und den Transport zum Fahrzeug ist ein zweites Paar Hände hilfreich.

Bärlauch ist ein Knoblauchgewächs und für unsere Hunde in größeren Mengen ebenso gefährlich. Mal ein Blatt angeknabbert, wird es noch nicht zu extremen Vergiftungserscheinungen führen. Verhindern sollten Sie dennoch, dass Ihr Hund sich eine größere Portion einverleibt.

▶ **TIPP:** Hat der Hund etwas gefressen, was zu seinen Vergiftungserscheinungen geführt haben könnte und Sie finden noch **Reste oder die Verpackung**, gilt dasselbe: einpacken und **in die Tierarztpraxis mitnehmen**.

Grundsätzlich gilt: Immer so schnell wie möglich in eine Tierarztpraxis oder -klinik fahren – dort können Gegenmaßnahmen sicher durchgeführt werden.

! **Achtung:** Verzichten Sie darauf, selbst beim Hund ein Erbrechen zu erzwingen – das kann mehr schaden als nutzen.

- Vergiftungen durch **Insektenstiche, Schlangenbisse oder Kontaktgifte,** die über die Haut oder durch die Atemluft aufgenommen wurden, sind schwer zu erkennen. Anders als bei Wespen bleibt bei Bienen und Hummeln kein Stachel stecken, eine allergische Reaktion auf deren Gifte kann aber zum Anschwellen der Schleimhäute führen und eine massive Atemnot beim Hund verursachen. Finden Sie starke Schwellungen oder bereits blauschwarze Hautverfärbungen, kann das auf einen Schlangenbiss hinweisen. In allen Fällen gilt: Ab zum Tierarzt und auf dem Weg immer auf den Kreislauf und die Atmung achten.

! **Achtung: Legen Sie bei Vergiftungen auf keinen Fall eine Maulschlaufe an!** Erbricht sich der Hund damit, kann das zum Ersticken führen.

▶ TIPP: Aktivkohle als Sofortmaßnahme

Noch problematischer ist es, wenn der Hund einen mit Rattengift präparierten Köder gefressen hat – die Wirkung zeigt sich erst zeitversetzt.

- Befürchten Sie, dass dies eingetreten ist, geben Sie dem Hund **als Sofortmaßnahme Aktivkohle**. Je eher diese in den Magen-Darm-Trakt des Hundes gelangt, umso besser kann sie ihre Wirkung zeigen und die Aufnahme des Gifts durch die Magenschleimhäute und den Darm blockieren. Tierärzte können Ihnen **die richtige Dosierung** sagen – am besten haben Sie das bei einem Routinetermin vorher einmal abgefragt. Diese medizinische Kohle bindet die Giftstoffe – und wird auch bei Durchfall als Bindemittel eingesetzt. Zu viel kann wiederum zu Problemen beim Stuhlgang führen.
- Auch bei **Lebensmittelvergiftungen** ist Aktivkohle hilfreich. So kann sie bei Schokolade, Weintrauben, Zwiebeln & Co. ebenfalls einen Teil der Wirkung aufheben.
- Fahren Sie **dennoch mit dem Hund zum Tierarzt**, um ihn dort medizinisch versorgen zu lassen.

▶ ERSTE-HILFE-UTENSILIEN

Für Hilfe bei Vergiftungen brauchen Sie:

> Evtl. **Holzstäbchen** zum Zungerunterdrücken
> **Aktivkohletabletten**
> **Plastiktüte** zum Einsammeln
> **Tüte** zum Mitnehmen von Giftködern, Flaschen etc.
> **Fotos** der Umgebung

Giftiges für den Hund – wann es wirklich gefährlich wird

Im Haushalt sind es vor allem Putz- und Reinigungsmittel, Medikamente oder Zimmerpflanzen, die uns als Vergiftungsursachen in den Sinn kommen. Doch auch Nahrungsmittel haben es „in sich" und können unseren Hunden gefährlich werden. Nicht jedes Lebensmittel, das unser Hund versehentlich frisst, ist in jeder Dosierung lebensbedrohlich.

Damit Sie nicht sofort in Panik ausbrechen und einschätzen können, wann Sie wirklich dringend etwas unternehmen müssen, hier eine kleine ausgewählte „Giftkunde": Eingeschlossen sind die wichtigsten Gefahrenquellen in der Natur, die zu Vergiftungen führen können.

Alkohol
Das Feierabendbier sollten Sie wirklich ausschließlich alleine trinken – auch, wenn das für Hunde giftige Ethanol nur in geringer Dosierung enthalten ist. Alle anderen, vor allem höherprozentigen alkoholischen Getränke sind eine echte Gefahrenquelle. So selten es vorkommt, dass ein Chihuahua ein Schnapsglas leert, so lebensgefährlich ist die Menge des 38 % oder mehr Ethanol enthaltenden **2-cl**-Glases **für einen 3 kg**-Hund. Versteckte Mengen Alkohol in Kuchen oder anderen Speisen sind meist nicht so hochdosiert – hoffen Sie also einfach darauf, dass das Stück Torte dem Hund sowieso schwer im Magen liegt und er es erbricht.

Früchte mit Giftpotential
Als Hundehalter wissen Sie, welche Gefahren von **Kernen im Steinobst** ausgehen – die allgegenwärtige Blausäure, die in zugegebenermaßen kleinen Mengen in den meisten enthalten ist, kann nicht nur uns Menschen zu schaffen machen. Allerdings gilt auch hier: Unzerkaut ein Kirschkern verschluckt, brauchen wir nicht gleich mit einer Vergiftung beim Hund rechnen. Kritischer wird es, zerknackt der Hund die Kerne von Kirschen, Pflaumen, Pfirsichen und Co.: Die Dosis der Cyanverbindungen, die Vergiftungssymptome auslösen, ist hier mit **2 mg/kg** je Kilogramm Körpergewicht relativ niedrig. Dennoch muss Ihr Hund schon einige Kerne knacken und fressen, bis er akute Vergiftungserscheinungen wie Erbrechen und Atemnot zeigt.

Kaffee oder Tee
Wenn Ihr Liebling einmal seine Nase in Ihre Kaffeetasse gesteckt hat – müssen Sie ihn nicht gleich zum Erbrechen zwingen. Das Coffein muss, ebenso wie aus schwarzem Tee, schon eine ziemliche Konzentration erreichen, bis Vergiftungserscheinungen zu befürchten sind. Die medizinische Angabe von

Foto: L.Bouvier – stock.adobe.com

Kirschen

Foto: istetiana – stock.adobe.com

Knoblauch

110 mg je Kilogramm Körpergewicht erreicht ein durchschnittlich 20 kg wiegender Hund erst, wenn er 4 oder 5 Tassen getrunken hat. Natürlich ist die Grenze bei kleineren Hunden eher erreicht – aber einmal schlabbern ist als harmlos anzusehen.

Knoblauch

Das giftige Allicin kommt nicht nur im Knoblauch vor, sondern auch in allen Knoblauchgewächsen. Das heißt: Von Bärlauch über Schnittlauch bis hin zur Knoblauchrauken-Zierpflanze im Garten lauern Vergiftungsgefahren auf den Vierbeiner. Im Gegensatz zur **kompletten Knoblauchknolle**, die bei einem **10-Kilo-**Hund zu Blutarmut führen kann, sind die nahen Verwandten etwas weniger gefährlich durch die geringere Dosierung. Erwischt der Hund mal eine Zehe – oder schnappt sich ein Bärlauchblatt im Garten, ist seine Gesundheit noch nicht aufs Spiel gesetzt.

Nachtschattengewächse

Ob Aubergine, Kartoffel oder Tomate: Weniger ist mehr und vor allem nicht roh oder unreif. Gekocht sieht es beispielsweise mit der Kartoffel anders aus, dennoch können noch geringe Mengen Solanine enthalten sein. Die meisten stecken an und unter der Schale. Tomaten zerstören mit dem Reifeprozess diese Giftstoffe – alles, was rot ist, kann also verfüttert werden. Gleiches gilt für Auberginen: Nachgereift und gekocht verträgt der Hund auch mal eine Scheibe davon. Kritische Mengen kommen erst bei großer Anzahl zusammen – so groß, dass die meisten Hunde schon vorher aufgeben und es einfach nicht mehr fressen können.

Trauben

Frische Weintrauben oder getrocknete Rosinen – beide führen in größeren Mengen zu Vergiftungen bei Hunden. An welchen Inhaltsstoffen es liegt, ist bisher

Foto: fotoak80 – stock.adobe.com

Weintrauben

Foto: Gerisch – stock.adobe.com

Oleander

noch nicht genau in Studien nachgewiesen. Ein Grund mehr, zu verhindern, dass Ihr ungefähr 10 Kilogramm schwerer Hund rund **20 bis 60 Trauben** oder rund **100 Rosinen** frisst. Unschwer zu erkennen: Auch hier steigt erst mit der Menge das Risiko. Allerdings reagieren die Hunde unterschiedlich darauf – im Zweifel gehen Sie lieber einmal zu viel zum Tierarzt als zu spät.

Salz und Zucker

Zu viel Salz, Zuckersatzstoffe, scharfe Gewürze – das sind alles potentielle Gefahren für unsere Hunde. Ist eine wirklich **kleine Prise Salz** im Futtermittel noch verdauungsförderlich im Rahmen einer Schonkost, so sieht es mit mehreren Dutzend Gramm im täglichen Futternapf schon schlechter aus. Auch zu viel Meerwasser schlucken ist gefährlich, die Niere und das Herz werden dadurch wirklich belastet.

Noch schädlicher ist der häufig in zuckerfreien Produkten eingesetzte Ersatz **Xylit**. Vom Eisbonbon über Limonaden bis hin zu Zahnpasta versteckt sich dieses Gift in Lebensmitteln. Die Angaben, ab welcher Menge es wirklich gefährlich wird, reichen von rund **1,5 Gramm je Kilogramm** Körpergewicht bis zu rund **16 Gramm**. Ein Eisbonbon mit rund 10 Gramm Eigengewicht kann also für kleinere Hunde durchaus gefährlich sein.

Stöckchenhölzer

Aus dem eigenen Garten oder im Park bringen unsere Hunde gelegentlich Stöckchen mit. Einige darunter sind tatsächlich nicht nur wegen ihrer Splittergefahren ein Risiko. Denn Hölzer von Zierpflanzen wie **Kirschlorbeer**, **Oleander** oder **Rhododendron** enthalten Gifte, die unseren Tieren gefährlich werden. Tatsächlich sollten Sie vor Oleander Respekt haben und den Hund keinesfalls auf frischen, vielleicht gerade abgeschnittenen Zweigen kauen

Foto: Andrey Cherkasov – stock.adobe.com

Zahnpasta mit Xylit

Foto: Dron – stock.adobe.com

Schrauben aus Zink

lassen. Das Gift kann durch die Schleimhäute aufgenommen werden. Das in ihm enthaltene herzwirksame Glykosid Oleandrin ist auch für uns Menschen gefährlich. Auch die mehreren Giftstoffe des Rhododendron wirken über die Schleimhäute, nicht viel anders beim Kirschlorbeer. Fürchten Sie solche Vergiftungen, nehmen Sie die Hölzer oder Blätter mit, sie helfen, um mögliche Maßnahmen und passende Gegenmittel zu bestimmen.

Tabak

Zigarettenstummel – wie oft ärgern wir Hundehalter uns darüber, dass sie herumliegen und eine Gefahrenquelle für unsere Tiere darstellen. Nicht nur wegen des Drecks – auch wegen des Nikotin, das gefährlich werden kann für unsere Begleiter. Das in Tabakpflanzen enthaltene Alkaloid wird auch als Insektizid verwendet – und kann auch so unsere Hunde durch Einatmen beeinflussen. Eine Menge von **4 mg pro Kilo Körpergewicht** ist ausreichend, um den Hund in extreme Erregungszustände zu versetzen. Zwar sind das bei einem 20 kg schweren Hund rund 16 Stummel (mit einem Nikotingehalt von 5 mg) – doch bei kleineren reichen entsprechend weniger.

Zinkschrauben

Zugegeben, dass ein Hund sich mit Begeisterung auf Schrauben stürzt, um sie zu fressen, ist selten. Aber wenn diese in für den Hund leckeren anderen Materialien stecken, kann es schon einmal passieren, dass er sie schluckt. Auch in Giftködern könnten sie verborgen sein. Sind sie aus Zink, wird es kritisch. Denn Zink zeigt seine Giftwirkung ab **50 bis 100 mg je Kilogramm Körpergewicht**, so dass ein paar Teile schon genügen können, um den Hund mit einer tödlichen Dosis zu belasten. Erbrechen, Durchfall, später auch Blutarmut, wenn gelöstes Zink in den Blutkreislauf geraten ist, sind Folgen.

Lektion 18: Transport

In vielen Fällen steht nach der Erstversorgung der Transport des verunfallten oder verletzten Hundes an. „Ach, kein Problem, den trag ich einfach", werden die einen sagen. Die anderen stehen davor und sagen: „Ohne Hilfe schaffe ich das nicht." Damit weder beim Alleine-Tragen noch mit der Hilfe einer anderen Person das Tier mehr als nötig gestresst oder noch mehr verletzt wird, kommt es auf die richtige Tragweise an.

Haben Sie einen Hund, dessen Gewicht für Sie vermeintlich leicht auch über eine längere Strecke getragen werden kann, sind Sie im Vorteil. Allerdings entbehrt es auch hier nicht der Übung, um ihn tatsächlich schonend tragen zu können. Weder ist es sinnvoll, ihn zu „schultern", noch, ihn als „Bretzel" in die Arme gekuschelt zu tragen. Egal welche Verletzung dazu führt, dass das Tier getragen werden muss, gilt: **Rücken waagerecht** und möglichst eben, egal ob aufrecht oder liegend.

Hund alleine tragen

Kleine Hunde sollten Sie möglichst **mit gerader Wirbelsäule** heben und tragen.

- Stellen Sie sich so „hinter" den Hund, dass er quer vor Ihnen steht – Nase bei der einen Hand, Rute bei der anderen.
- Nun greifen Sie mit einer Hand unter den Po des Hundes und stützen ihn von unten her am Bauch. Spreizen Sie die Finger etwas, aber nur so, dass Sie das auch über einen längeren Zeitraum durchhalten.

So, wie links, sollten Sie den Hund **nicht** hochheben und Tragen, wenn er verletzt sein könnte. Achten Sie immer darauf, die Wirbelsäule möglichst gerade zu halten und den Hund so waagerecht wie möglich zu tragen.

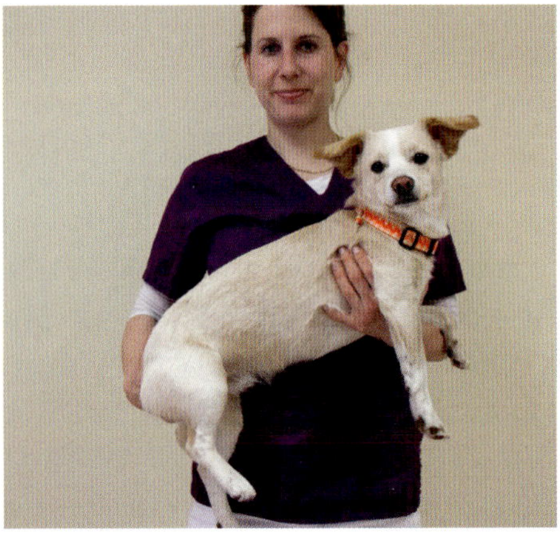

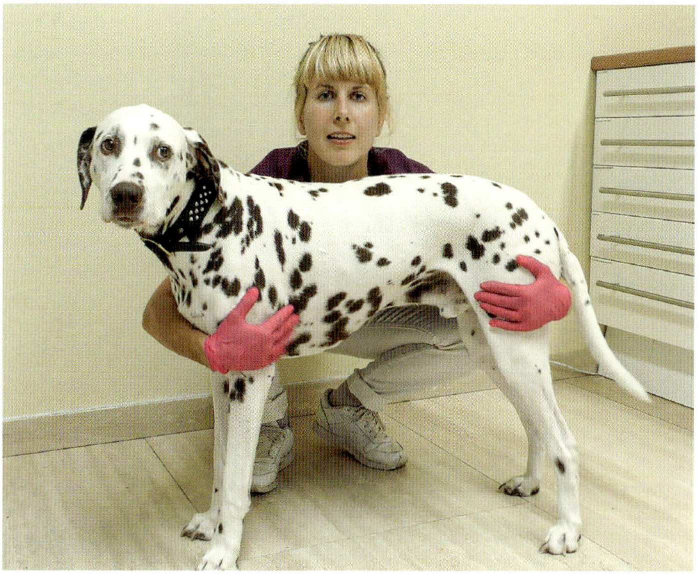

Bei einem großen Hund umfassen Sie Vorder- und Hinterbeine jeweils von außen und heben den Hund mit gestreckter Wirbelsäule hoch. Er sollte waagerecht vor Ihrer Brust getragen werden, Ihre Oberarme bilden dabei eine Stütze.

- Mit der anderen Hand greifen Sie anschließend unter den Brustkorb und fixieren die Vorderläufe so mit Ihrem Arm. Achten Sie darauf, dabei den Hund nicht in eine aufgerichtete Position zu bringen und zu tragen (wie ein Kleinkind), sondern möglichst waagerecht (Rücken in horizontaler Linie).
- Ist der Hund so verletzt, dass Sie ihn zuvor **in liegender Position** behandelt haben, müssen Sie entscheiden, ob ein Tragen vor der Brust möglich ist. Entscheiden Sie sich dagegen, Sollten Sie sich auch bei einem kleinen Hund Hilfe hinzuholen und ihn **auf einer Decke** liegend tragen.

Große, schwerere Hunde tragen Sie ebenfalls vor der Brust, jedoch mit einer anderen Grifftechnik.

- Stellen Sie sich so „hinter" den Hund, dass er quer vor Ihnen steht – Nase bei der einen Hand, Rute bei der anderen.
- Umfassen Sie den Hund mit beiden Händen seitlich und versuchen Sie, ihn dabei möglichst mit geradem Rücken stehend zu behalten. Wenn möglich, fassen Sie dabei Ihre Hände zusammen, so ist der Griff stabiler.
- Heben Sie ihn nun wie in einem Korb vor Ihren Bauch.
- Dabei befinden sich alle Pfoten zwischen Ihrer Brust und den Armen, auch hier sollte **die Wirbelsäule möglichst gerade** bleiben.
- Ist der Hund so verletzt, dass Sie ihn zuvor in **liegender Position** behandelt haben, müssen Sie entscheiden, ob ein Tragen vor der Brust möglich ist. Entscheiden Sie sich dagegen, sollten Sie sich Hilfe hinzuholen und ihn **auf einer Decke** liegend tragen.

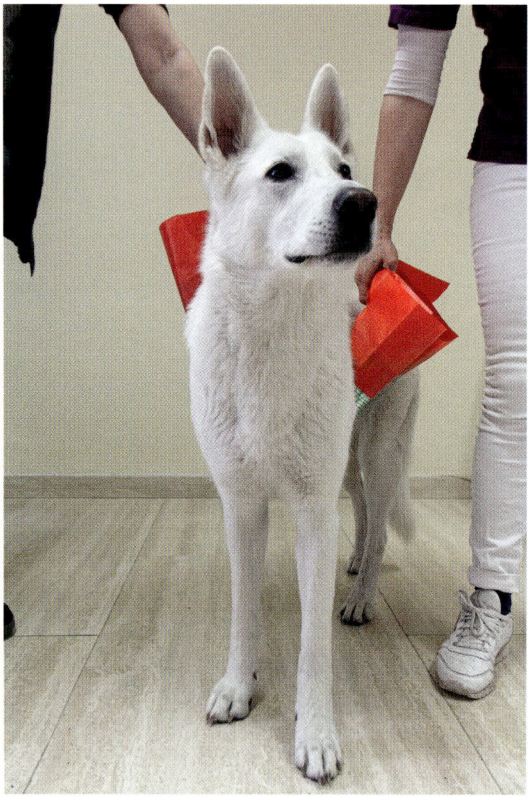

Haben Sie einen Helfer und der Hund ist lauffähig, ist es gut möglich, ihn durch eine Tragedecke oder ein zweckentfremdetes Kleidungsstück unter der Brust zu stützen und ihn so selber laufen zu lassen.

Hund zu zweit transportieren

Müssen Sie den Hund im Liegen transportieren und dazu erst einmal tragen, stehen Sie vor drei Problemen:
Der Hund darf **nicht in Panik** geraten,
Sie brauchen **eine zweite Person** zur Hilfe und
eine Decke oder anderen tragfähigen Stoff, auf dem Sie den Hund so transportieren können, dass er nicht herunterrutscht oder der Kopf über den Deckenrand nach unten hängt.

- Außerdem gilt auch hier, dass Sie versuchen sollten, insgesamt die Waagerechte einzuhalten. Dazu müssen Sie ausreichend Spannung aufbauen und den Abstand zwischen den beiden Tragenden so gestalten, dass die Decke nicht durchhängt.
- Der Hund sollte **der Länge nach** zwischen Ihnen **liegen** – so, dass er nicht einfach von der Decke herunterspringen kann. Eine der tragenden Personen ist somit die natürliche Barriere, dass der Hund durch einen Sprung seine Pfoten auf den Boden bringen kann.

- Legen Sie gegebenenfalls **ein Kissen unter den Kopf**, damit dieser nicht wegknickt oder herunterrutscht.

Haben Sie weder Decke noch Kissen, können Sie sich auch mit einem Kleidungsstück behelfen, das den Hund in ganzer Länge tragen kann.

▶ **TIPP:** Hilft Ihnen eine zweite Person und der Hund ist lauffähig, können Sie auch **mit einer Decke den Brustkorb des Hundes stützen**. Ziehen Sie beide Enden der Decke jeweils links und rechts vom Hund so an, dass die Wirbelsäule des Hundes entlastet wird.

Sind Sie alleine und haben eine Hunderettungsdecke, können Sie diese auch mit einer Hand als erweitertes Geschirr nutzen und den Hund stützen.

Haben Sie die Möglichkeit, einen **Bollerwagen** oder auch einen Kinderwagen zweckentfremdet einzusetzen für den Transport, achten Sie darauf, dass der Hund wirklich ausgestreckt darin liegen kann und seinen Rücken nicht krümmen muss. Außerdem sollten Sie holprige Strecken vermeiden, da die Erschütterungen weitere (innere) Schäden anrichten könnten.

Wenn ein Bollerwagen für den Transport genutzt werden soll, muss er groß genug sein. Polstern Sie ihn, notfalls mit Jacken, und lassen Sie den Hund nicht aus den Augen während des Ziehens.

7

ERSTE HILFE WISSENS-CHECK

Selbstkontrolltest

Von A-B-C-Check bis Transport – Testen Sie Ihr Wissen!

Was Sie aus den Lektionen zur Erste Hilfe am Hund parat haben, zeigt Ihnen der Abschlusstest.

▶ **TIPP:** Bei manchen Fragen sind mehrere Antworten richtig, die korrekten Lösungen finden Sie am Ende des Tests.

1. Bei einem Unfall mit Hund ...

☐ a) ... rette ich zunächst den Hund, bevor ich die Unfallstelle sichere.
☐ b) ... rufe ich um Hilfe und versorge meine Wunden zuerst, bevor ich die Unfallstelle sichere.
☐ c) ... sichere ich die Unfallstelle und prüfe dann, ob der Hund ansprechbar ist.
☐ d) ... bringe ich mich aus der Gefahrenzone und hole Hilfe.

2. Beim A-B-C-Check ...

☐ a) ... bringe ich mich aus der Gefahrenzone und hole Hilfe.
☐ b) ... kontrolliere ich, ob der Hund Abschürfungen, Brüche oder chronische Leiden davongetragen hat.
☐ c) ... teste ich das Hörverständnis des Hundes nach einem Unfall.
☐ d) ... prüfe ich die Atmung, belebe den Hund wieder und kontrolliere den Kreislauf.

3. Wenn ein Hund keine Brustkorbverletzung hat, aber beatmet werden muss ...

☐ a) ... kann das durch manuelle Kompression des Brustkorbs erfolgen.
☐ b) ... kann ich das durch Mund-zu-Schnauze-Beatmung tun.
☐ c) ... setze ich einen Tier-Defibrillator ein.
☐ d) ... kann ich das durch Mund-zu-Nase-Beatmung tun.

4. Wie hoch ist die normale Atemfrequenz beim Hund (ausgenommen kleinere Hunde)?

- ☐ a) 30-mal in der Minute
- ☐ b) 40-mal in der Minute
- ☐ c) 50-mal in der Minute
- ☐ d) 60- bis 70-mal in der Minute

5. Mit zwei Fingern an der linken Brustwand …

- ☐ a) … kann ich die Atemfrequenz messen.
- ☐ b) … kann ich bei jedem Hund den Puls/Herzschlag fühlen.
- ☐ c) … spüre ich, ob der Hund Fieber hat und kann die Temperatur fühlen.

6. In welcher Reihenfolge muss ich vorgehen, um eine Maulschlaufe anzulegen?

Füllen Sie die Kästchen mit numerischen Zahlen von 1 bis 7.

- ☐ a) Ich mache einen Knoten mit den Enden der Mullbinde, damit die Maulschlaufe hält.
- ☐ b) Ich ziehe die Schlaufe enger.
- ☐ c) Ich nehme einen Streifen Mullbinde in Schulterbreitenlänge, um ihn als Maulschlaufe zu nutzen.
- ☐ d) Ich lege die Schlaufe um die Schnauze mit dem Knoten nach oben.
- ☐ e) Ich nehme die losen Enden nach unten und mache einen Knoten.
- ☐ f) Ich mache eine Schlaufe mit lockerem Knoten.
- ☐ g) Ich nehme die losen Enden hinter den Kopf.

7. Was ist die kapillare Füllungszeit und was zeigt sie?

- ☐ a) Die Zeit, die das Blut braucht, um vom Herz in die Pfote zu gelangen. Sie zeigt Knochenverletzungen des Hundes an.
- ☐ b) Die Zeit, die der Hund braucht, um einmal mit dem Kopf zu schlackern und die Ohren dabei hin und her zu schlenkern. Sie zeigt Bewegungsprobleme eines Hundes an.
- ☐ c) Die Zeit, die das Blut braucht, um nach dem Druck auf das Zahnfleisch wieder an diese Stelle zu fließen. Sie zeigt Kreislaufprobleme an.

8. Wenn der Hund einen Krampfanfall hat, ...

- ☐ a) ... muss ich scharfkantige und harte Gegenstände aus seinem Umfeld wegräumen und ihn beobachten. Dauert der Krampf länger als 10 Minuten: ab zum Tierarzt.
- ☐ b) ... muss ich ihn sofort aufheben und mit Hilfe anderer liegend zum Tierarzt bringen.
- ☐ c) ... muss ich ihn auf eine weiche Unterlage legen und alles aus dem Maul nehmen sowie den Tierarzt anrufen.

9. Bei Anzeichen für einen Hitzschlag sollte ich ...

- ☐ a) ... den Hund sofort von oben bis unten mit kaltem Wasser übergießen.
- ☐ b) ... die Körpertemperatur messen, liegt sie über 39 Grad ist ein Hitzschlag wahrscheinlich.
- ☐ c) ... den Hund an einen kühlen, schattigen Ort bringen.
- ☐ d) ... den Hund mit Eis versorgen.
- ☐ e) ... den nicht ansprechbaren Hund mit einem nassen Handtuch bedecken.
- ☐ f) ... den nicht ansprechbaren Hund mit einem Cool-Pack im Nacken zum Tierarzt fahren.

10. Was sind Ursachen für Atemnot beim Hund?

- ☐ a) Lachsöl im Futter
- ☐ b) Fremdkörper im Rachen
- ☐ c) Asthma
- ☐ d) Durchfall
- ☐ e) Nasenbluten

11. Mit dem Hochziehen einer Hautfalte am Rücken kann ich ...

- ☐ a) ... den Fettanteil der Hundehaut bestimmen.
- ☐ b) ... den Wasserhaushalt bei Durchfall prüfen.
- ☐ c) ... das Größenwachstum meines Hundes abschätzen.
- ☐ d) ... die Reflexe des Hundes testen.

12. Wenn der Hund keine offene Wunde am Ohr hat, aber ständig mit den Ohren schlackert, dann ...

- [ ] a) ... hat er ein Legosteinchen verschluckt, das auf das Innenohr drückt.
- [ ] b) ... hat er zu viel Salz geschluckt.
- [ ] c) ... steckt eine Granne im Ohr.
- [ ] d) ... will er sich abkühlen.

13. Was darf beim Pfotenverband nicht fehlen?

- [ ] a) Ein Gaffa-Tape-Schuh am Ende
- [ ] b) Ein farbiger Tapeverband
- [ ] c) Eine Schiene zum Stabilisieren
- [ ] d) Wattestreifen zwischen allen Zehen und an der Daumenkralle

14. Wenn der Hund plötzlich lahmt, ...

- [ ] a) ... liegt das meist an einer Verletzung an der Pfote oder an Fremdkörpern zwischen den Zehen.
- [ ] b) ... kommt das von einem Knochenbruch vor Wochen.
- [ ] c) ... liegt das an Würmern, die den Hund zwacken.
- [ ] d) ... hat er einen Muskelkater und das verschwindet nach zwei Tagen wieder.

15. Eine offene Hautwunde ...

- [ ] a) ... kann ich einfach saubermachen und abkleben, das heilt von alleine.
- [ ] b) ... braucht sofort eine Wundauflage mit Desinfektionsmittel, um dann abzutrocknen und zu verschorfen.
- [ ] c) ... befreie ich von Dreck und stille die Blutung, um zum Tierarzt zu fahren.
- [ ] d) ... sollte ich mit einem Klammerpflaster abdichten und die nächsten Tage beobachten.

16. Einen Knochenbruch kann ich provisorisch schienen, wenn ...

- ☐ a) ... die Wunde mit einem Verband überdeckt werden kann und die Schiene nicht darübergelegt wird.
- ☐ b) ... es keine Hautverletzungen gibt und ich einen polsternden Verband anlegen kann.
- ☐ c) ... ich einen kurzen Holzstock finde, der genau über die Bruchstelle passt und dann verbinde.
- ☐ d) ... ich Mullbinden übereinander packe und einen festen Verband um den Bruch lege.

17. Vergiftungen kann ich ...

- ☐ a) ... mit sofortiger Gabe von mindestens einem Liter Wasser aus dem Magen spülen.
- ☐ b) ... durch Erzwingen von Erbrechen rückgängig machen.
- ☐ c) ... beim Tierarzt durch Gabe von Gegenmitteln neutralisieren.
- ☐ d) ... durch Gabe von Aktivkohle beim Verbreiten durch die Magen- und Darmwände hindern.

18. Ein Hund sollte zum Tragen immer ...

- ☐ a) ... eine möglichst gerade Wirbelsäule beim Anheben und Tragen haben.
- ☐ b) ... liegend hochgehoben werden und getragen.
- ☐ c) ... mit allen vier Pfoten dicht beieinander hochgehoben werden.
- ☐ d) ... an die eigene Brust gedrückt werden.

Haben Sie alles gewusst? Hier die Antworten
1c, 2d, 3ad, 4a, 5b, 6cfdbega, 7c, 8a, 9bcf, 10be, 11b, 12c, 13d, 14a, 15c, 16b, 17d, 18a

8

NOTFALLCHECKLISTE
Erste Hilfe am Hund

Das gehört in die Geldbörse oder Handyhülle!

1. Notrufnummern:

Tierarzt

Name ______________________ Telefonnummer ______________

mobil/privat ______________________ / ______________________

Tierklinik

Name ______________________ Telefonnummer ______________

Tierrettung

Name ______________________ Telefonnummer ______________

Person, die den Hund abholen/betreuen kann, wenn ich selber verunfalle

Name ______________________ Telefonnummer ______________

2. Angaben zum Hund:

Hundename/Rufname ______________________________________

Chip-Nummer ______________________________________

Tasso-Register-Nummer ______________________________________

Besonderheiten: ______________________________________

Allergien/Krankheiten: ______________________________________

Außerdem hilfreich, wenn es im Auto/der Tasche usw. ist:

> Kopie vom **Impfausweis**
> **Notfallset** für Pfoten-/Ohr-/Wundverbände

3. Quickguide – Wichtige Sofortmaßnahmen am Unfallort

1. Bringe Dich in Sicherheit und sicher die Unfallstelle!

- Bitte Passanten oder andere Personen um Hilfe oder vor Ort zu bleiben, bis Hilfe da ist

2. Prüfe erst, ob der Hund ansprechbar ist – bevor Du Erste-Hilfe-Maßnahmen ergreifst!

- Ansprechen, leicht anstupsen, Schmerzreiz -> Reaktion? Hund aus Gefahrenzone bringen
- Keine Reaktion? ->Nur mit Hilfe anderer liegend transportieren!

3. A-B-C-Check

A = Atmung

B = Beatmung

C = Cirkulation (Kreislauf)

Wenn das alles abgeklärt ist (->Notfallmaßnahmen), der Hund atmet und einen halbwegs mess- oder fühlbaren Kreislauf hat, können Wunden erstversorgt werden. Vor dem Ergreifen von Erstmaßnahmen gilt:

4. Tierarzt/Rettung alarmieren!

▶ Ausschneiden, ausfüllen und laminieren!

Notrufnummern

Tierarzt: ______________________________
Telefonnummer ______________________________
mobil/privat ______________________________

Tierklinik: ______________________________
Telefonnummer ______________________________

Tierrettung: ______________________________
Telefonnummer ______________________________

Person, die den Hund abholen/betreuen kann, wenn ich selber verunfalle
Name: ______________________________
Telefonnummer: ______________________________

Notrufnummern

Tierarzt: ______________________________
Telefonnummer ______________________________
mobil/privat ______________________________

Tierklinik: ______________________________
Telefonnummer ______________________________

Tierrettung: ______________________________
Telefonnummer ______________________________

Person, die den Hund abholen/betreuen kann, wenn ich selber verunfalle
Name: ______________________________
Telefonnummer: ______________________________

Quickguide

1. **Bringe Dich in Sicherheit und sicher die Unfallstelle!**
   - Bitte Passanten oder andere Personen um Hilfe oder vor Ort zu bleiben, bis Hilfe da ist

2. **Prüfe erst, ob der Hund ansprechbar ist – bevor Du Erste-Hilfe- Maßnahmen ergreifst!**
   - Ansprechen, leicht anstupsen, Schmerzreiz ▶ Reaktion? Hund aus Gefahrenzone bringen
   - Keine Reaktion? ▶ Nur mit Hilfe anderer liegend transportieren!

▶ Ausschneiden, ausfüllen und Laminieren!

Angaben zum Hund

Hundename/Rufname ____________________

Chip-Nummer ____________________

Tasso-Register-Nummer ____________________

Besonderheiten: ____________________

____

Allergien/Krankheiten: ____________________

____

Angaben zum Hund

Hundename/Rufname ____________________

Chip-Nummer ____________________

Tasso-Register-Nummer ____________________

Besonderheiten: ____________________

____

Allergien/Krankheiten: ____________________

____

3. A-B-C-Check

A = Atmung

B = Beatmung

C = Cirkulation (Kreislauf)

Wenn das alles abgeklärt ist (->Notfallmaßnahmen), der Hund atmet und einen halbwegs mess- oder fühlbaren Kreislauf hat, können Wunden erstversorgt werden. Vor dem Ergreifen von Erstmaßnahmen gilt:

4. Tierarzt/Rettung alarmieren!

Komm zum DER HUND Club

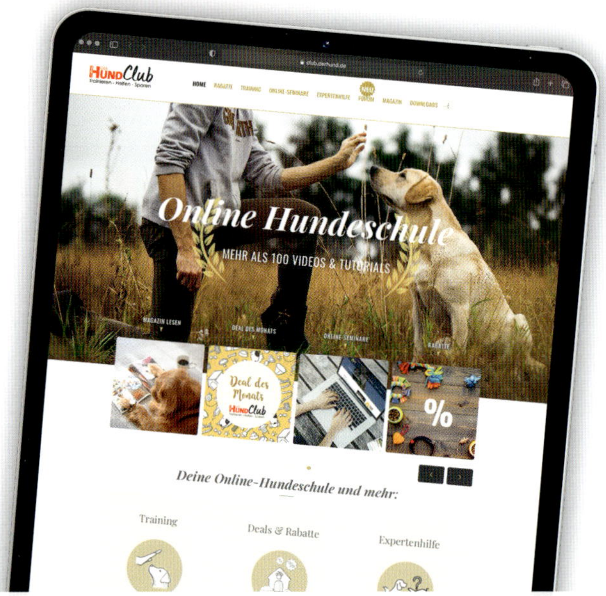

Im DER HUND Club hast du neben dem **Magazin** DER HUND das ganze Jahr über alles, was dein Leben mit Hund bereichert und noch schöner macht:

- **Online-Hundeschule:** Über 100 Videos von Toptrainern unbegrenzt nutzen
- **Rabatte:** Über 50 zeitlich unbegrenzte Rabatte auf Futter, Ausstattung & Co.
- **Weiterbildung:** Kostenlos Online-Seminare und zertifizierte Kurse mit Profis

und vieles mehr!

Jetzt Clubmitglied werden unter:

www.club.derhund.de/leseraktion